白桦多倍体育种研究

姜 静 穆怀志 林 琳 著

科 学 出 版 社

北 京

内 容 简 介

通过林木多倍体育种综合倍性和杂种优势研究，实现多目标性状遗传改良，是林木新品种选育的重要途径和方法。本书汇集了著者在白桦多倍体育种研究方面的心得，对白桦育种研究概况、四倍体白桦的诱导、四倍体白桦的生长及光合生理特性、四倍体白桦的开花结实特性、四倍体白桦的基因表达特性、四倍体白桦组培微繁技术研究、施肥处理对四倍体白桦生长的影响、三倍体白桦种子园母树测定、四倍体白桦子代测定等进行了详细叙述。本书在介绍诱导获得四倍体白桦的基础上，重点研究了四倍体白桦的生长、生殖和基因表达特性及三倍体白桦种子园的母树和子代测定，阐述了白桦多倍体育种的最新研究成果及进展。

本书可作为林学专业本科生及研究生的辅助教材，也可作为植物遗传育种领域教学、科研和管理人员的参考书。

图书在版编目(CIP)数据

白桦多倍体育种研究 / 姜静，穆怀志，林琳著.—北京：科学出版社，2018.4

ISBN 978-7-03-056861-8

Ⅰ.①白…　Ⅱ.①姜…　②穆…　③林…　Ⅲ.①白桦 – 多倍体育种 – 研究　Ⅳ.①S792.153.04

中国版本图书馆CIP数据核字(2018)第048886号

责任编辑：张会格　白　雪 / 责任校对：王萌萌
责任印制：张　伟 / 封面设计：刘新新

科 学 出 版 社 出版
北京东黄城根北街 16 号
邮政编码：100717
http://www.sciencep.com

北京建宏印刷有限公司 印刷
科学出版社发行　各地新华书店经销
*
2018 年 4 月第　一　版　　开本：720 × 1000 B5
2019 年 3 月第二次印刷　　印张：8 3/4
字数：176 000

定价：98.00 元

(如有印装质量问题，我社负责调换)

前 言

多倍化是植物进化历史中的普遍现象。植物细胞核内染色体加倍后，常常带来一些形态和生理上的变化，可以提高生长速度、增进遗传品质及提高目的代谢物含量，从而增强了植物的生态适应性。植物多倍体通过整套基因的增加，使控制每个性状的等位基因由 2 个增加至多个，从而使同一等位基因位点可能的杂合状态更加多样化，在表现基因剂量效应带来倍性优势的同时，也强化了异源配子结合产生的杂种优势。对于林木育种而言，可以将染色体加倍产生的倍性效应与杂交产生的杂交优势结合起来，创造出更高的遗传增益，这对于拓宽林木多倍体育种的遗传基础、提高育种成效具有重要的潜在价值。

鉴于此，本书以重要用材树种白桦为研究对象，对其多倍体育种进行了系统的研究。首先，通过以秋水仙素处理种子的方法获得四倍体白桦；然后，在此基础上，对四倍体白桦的生长、生殖、生理、基因表达、组培微繁及苗期施肥进行研究；最后，以四倍体白桦和二倍体白桦为母树营建了三倍体白桦种子园，并对种子园的母树和子代进行了测定。全书由东北林业大学姜静教授、北华大学穆怀志博士和林琳博士撰写，共包括 9 章：第 1 章白桦育种研究概况；第 2 章四倍体白桦的诱导；第 3 章四倍体白桦的生长及光合生理特性；第 4 章四倍体白桦的开花结实特性；第 5 章四倍体白桦的基因表达特性；第 6 章四倍体白桦组培微繁技术研究；第 7 章施肥处理对四倍体白桦生长的影响；第 8 章三倍体白桦种子园母树测定；第 9 章四倍体白桦子代测定。

本书研究得到林业公益性行业专项"白桦三倍体制种技术的研究"(201204302)和"十二五"农村领域国家科技计划课题"水曲柳和白桦珍贵用材林定向培育技术研究与示范"(2012BAD21B02)等课题资助，特此致谢。在本书编写过程中，刘超逸、刘福妹、刘宇、刘子嘉、王遂、徐焕文、徐文娣、姚启超、赵瑞等进行了相关试验研究，在此一并致谢。

姜 静 穆怀志 林 琳

2017 年 12 月 4 日

目　　录

1 白桦育种研究概况

白桦(*Betula platyphylla*)，桦木科桦木属植物，落叶乔木，广泛分布于我国东北、华北、西北、西南等的 14 个省区(郑万钧，1983)。白桦树形优美，具有独特的观赏价值，常作为庭院树、行道树及街心绿地栽培(郁书君等，2001)。其木材可用作胶合板、建筑、家具、矿柱及造纸的原材料。大径级白桦是单板、胶合板生产的首选材料之一，特别是在航空胶合板面板生产中是不可替代的原料树种。白桦的皮可栲胶、芽可药用、汁可做饮料(李春雪等，2013)。20 世纪 90 年代初，白桦被列为国家科技攻关计划的研究对象，直到目前白桦仍然是国家重点研究的树种，在白桦育种方面已做了大量的研究工作。

1.1 白桦种源遗传变异分析

研究白桦群体的遗传变异规律，探讨白桦种源间的遗传分化与环境的关系，是进行白桦育种研究的基础工作，为白桦的良种选育提供资料。姜静等(2001a)利用随机扩增多态性DNA(RAPD)标记技术对 17 个白桦种源 152 个单株进行了遗传变异分析，发现遗传变异在种源间占 43.53%，在种源内单株间占 56.47%。在此基础上，姜静等(2001b)又对位于东北地区的 13 个白桦种源 115 个单株进行了遗传变异分析，发现遗传变异在大兴安岭、小兴安岭和长白山 3 个区域间占 23.88%，在种源间占 27.99%，在种源内单株间占 48.13%。了解白桦各地区间在 DNA 水平上的差异及各种源遗传分化程度，对以后进行种源和单株选择提供了基础资料，同时也对开展白桦遗传改良工作具有重要的指导作用。

1.2 白桦优良种源和家系选择

开展白桦种源试验研究的主要目的是通过试验选出适合本地区的优良种源并将其应用于生产。刘桂丰等(1999)对来自全国各地的 20 个白桦种源分别在凉水、帽儿山、青龙、青山等 4 个试验点进行良种选育试验，初步选出了凉水、帽儿山的最佳种源均是乌伊岭种源，青龙的最佳种源是五台山种源，青山的最佳种源是八家子种源，其中八家子种源的平均苗高为 172.27cm，比所有种源的苗高平均值高28.46%。姜静等(1999)对来自不同地区的 16 个白桦种源进行了苗期种源试验，初步认为汪清、凉水为最佳种源，其中汪清种源的平均苗高为 62.12cm，比所有种源苗高平均值高 12.5%。刘宇等(2016a，2016b)以十七年生白桦种源试验林为材料，分别在帽儿山、草河口、金河等 3 个试验点进行优良种源选择，其中在帽儿山试验点选出清源、草河口、帽儿山、辉南、小北湖、东方红等 6 个优良种源，在草河口试验点选出草河口、清源、天水等 3 个优良种源，在金河试验点选出莫尔道嘎、乌伊岭、绰尔等 3 个优良种源。稳定性分析表明，凉水、小北湖、辉南、东方红、露水河、桓仁、天水为高产稳产型种源，乌伊岭、帽儿山、汪清、草河口、清源、莫尔道嘎为高产非稳产型种源，昭苏、长白、西宁为低产稳产型种源，绰尔、六盘山为低产非稳产型种源。相关分析表明，参试的 18 个种源属于"冷—暖"型地理变异趋势，结合聚类分析结果将其划分为 5 个种源区。这些研究为在试验地进行大面积种植培育优质白桦用材林提供了重要理论依据，对其他地区的白桦栽培和白桦良种的应用与推广具有借鉴和指导意义。

开展种子园家系造林试验不仅能够选择出优良杂交亲本和杂交组合，也能加快种子园的改良进程。刘宇等(2017a)对20个六年生白桦全同胞家系进行树高、胸径和材积测定，选出了5个优良家系。优良家系的树高、胸径和材积平均值分别比参试整体平均值高3.85%、10.01%和20.82%。刘宇等(2017b)以53个白桦半同胞家系为对象，分别在朗乡、帽儿山和吉林等3个试验点营造试验林。对十二年生试验林的树高、胸径和材积进行多地点联合分析，发现树高和材积在地点间、家系间及地点与家系交互作用上均表现为差异极显著，胸径在地点间和家系间表现为差异极显著，共选出11个优良家系。优良家系的材积均值分别较3个地点的家系均值高8.29%、9.80%和13.60%。刘宇等(2013)对6个白桦半同胞家系苗期生长、光合和叶绿素荧光参数进行测定，发现白桦半同胞家系间生长性状和光合指标差异极显著，苗高和地径与水分利用率显著正相关，叶片数量和叶片宽度对苗高和地径影响较大，可以作为苗期选择评价的主要因子。徐焕文等(2015)以6个半同胞家系的白桦为试验材料，研究NaCl胁迫下白桦叶片光合特性及叶绿素荧光参数的变化，发现盐胁迫下叶绿素含量随胁迫时间延长呈现先升高后降低的趋势，净光合速率则为下降的趋势，各家系的叶片荧光参数F_v/F_m随胁迫时间延长呈现先升高后降低的趋势，Φ_{PSII}和qP均为下降的趋势，qN保持不变或波动较大，从而选出2个耐盐性强的家系。李春旭等(2017)通过组培扩繁技术获得了37个白桦无性系，通过测定苗高、地径、侧枝数、叶面积及节间距等性状，对无性系进行综合评价。结果表明，凡是高且生长量大的无性系，其地径粗、侧枝数量多、节间距长，但平均单个叶面积较小，其中7个无性系被确定为优良无性系，这些无性系苗高、地径和侧枝数较整体均值分别提高了11.31%、9.91%和8.93%。这些研究不仅为白桦家系选择提供理论依据，也为白桦初级种子园的改良和高世代种子园的亲本选配提供参考。

1.3 白桦强化育种

白桦育种周期长，不仅影响其改良进度和效率，也不能满足实际生产的需要。建立白桦强化种子园可以为开展白桦良种培育的各项研究工作提供有利的试验条件，大大缩短良种培育周期，加速白桦育种进程。东北林业大学是我国最早建立白桦强化种子园的单位。苏岫岷等(2000)、吴月亮等(2005)分别在塑料大棚强化育种的条件下，对二年生白桦实生苗进行绞缢处理后，白桦开花率提高到38%。刘福妹等(2012，2015)、Wang等(2011)对三年生白桦进行配方施肥后，白桦开花率达到92%。杨传平等(2004)以一年生超级白桦苗为材料，通过5项配套强化措施处理，即适量 CO_2 浓度(0.0159mol/L)、适当光照强度(60 000～100 000lx)、适时绞缢处理(4月15日～5月15日)、适宜催花素喷施(不同时期、不同部位的催花素)、适中的温湿度控制(24℃、80%相对湿度)，实现了白桦2～3年就可以开花结实、4～5年规模结实，大大缩短了白桦育种周期。该技术在促进白桦提早开花结实研究上取得了突破性进展，在国际上处于领先水平。

1.4 白桦杂交育种

人工杂交是选育白桦新品种的有效方法，杂交后代的基因重组可产生各种变异类型和杂交优势，为白桦的品种改良提供了丰富的材料。王超等(2004)对帽儿山(M)、小北湖(BH)、桓仁(HR)、凉水(LS)等4个种源共8个亲本进行杂交选育研究，从15个杂交组合中选出有翅宽优良组合是 M3×BH1 和 M3×M1、无翅宽优良组合是 M4×BH1 和 M3×LS、千粒重优良组合是 M4×M2 和 M4×BH1、发芽率和发芽势优良组合是 M4×M2 和 M4×BH1、果穗质量优良组合是 M4×BH1 和 M4×M2。以 M4 为母本进行杂交，后代性状普遍优良。白桦杂交后代间存在着明显的遗传差异，这些差异主要取决于亲本的一般配合力和特殊配合力，总体上一般配合力占优势。李开隆等(2006)以小北湖(BH)3株优树、帽儿山(M)2株优树作为杂交亲本进行优良子代的选育工作，从25个杂交组合中初步选出5个优良组合，其中最优组合是 M4×BH3 的杂交子代，其发芽率、发芽势、千粒重分别为 88.78%、85.44%和500.00mg，分别比最差组合高 42.08 倍、40.49 倍和3.75倍，M4 和 BH3 为优良亲本。同时发现白桦自交组合的种子产量低、活力差，其自交子代不能大量应用于生产，仅能用于遗传育种研究。王成等(2011)以4株白桦优树(B1、B2、B3 和 B4)和1株欧洲白桦(OB)为杂交亲本，按5×5双列交配设计控制杂交，初步选择 B1 为优良亲本，B4 为优良母本，B3 为优良父本，B1×B3、OB×B1、B4×B3 为优良杂交组合，其中 B1×B3 杂种子代的树高、胸径和材积生长量分别超过各组合平均值的 13.11%、21.21%和 55.76%。Zhao 等 (2014)以 5 株白桦优树(B5、B8、XB11、EB14 和 MB15)为杂交亲本,按 5×5 双列交配设计控制杂交,通过测定四年生和八年生子代的树高、胸径和通直度,发现树高与胸径有明显的相关性,选择 B5、B8 和 MB15 为优良亲本,B5×XB11、B8×XB11、B8×MB15 为优良杂交组合。这些研究为白桦第二代强化种子园的亲本选配提供了理论依据。

1.5　白桦航天诱变育种

航天诱变育种是利用返回式卫星将植物种子带上宇宙空间,在微重力、高真空、强辐射和弱磁场等条件下,使其产生遗传变异,进而经地面选育出植物新品种的育种新技术。2003 年 11 月东北林业大学首次利用返回式卫星搭载 4 个白桦家系(HT98-1、HT98-2、HT98-3 和 HT98-4)的种子进行航天诱变试验研究,结果表明,航天搭载对白桦种子活力具有促进作用,4 个家系的一年生白桦在航天诱变后均表现出矮化现象,其中矮化最明显的是 HT98-3 家系,其苗高比地面对照低 35.99%(姜静等,2006)。航天诱变白桦在二年生时,HT98-4 家系的苗高仍低于地面对照,而 HT98-1、HT98-2 和 HT98-3 家系的苗高均高于地面对照。白桦五年生时,在航天诱变群体中选出 64 株优良单株,其树高、胸径和材积分别比地面对照高 14.84%、27.90%和 64.27%,这些优良突变株为继续开展白桦航天搭载后代的选择工作奠定了基础(黄海娇等,2010)。

1.6　白桦分子标记辅助育种

在植物遗传改良中,传统育种从表现型推断基因型,而分子标记辅助育种可对基因型直接进行选择,不受其他基因效应和环境的影响,结果可靠,同时可在早期进行选择,大大缩短育种周期,对于林木这样的长世代物种具有更重要的意义。吕澈妍等(2009)利用扩增片段长度多态性(AFLP)技术分析中国白桦 X 欧洲白桦的 78 个 F_1 个体,从群体的 45 对引物中分离出 343 个位点。姜廷波等(2007)和高福玲和姜廷波(2009)分别利用 RAPD 和 AFLP 技术对 80 个来自欧洲白桦与中国白桦杂交的 F_1 个体进行分子标记,构建了欧洲白桦和中国白桦的分子标记连锁图谱。Hao 等(2015)基于白桦基因组数据,对来自 6 个种源(桓仁、凉水、小北湖、清源、芬兰、帽儿山)的同一基因型白桦进行 SSR(简单重复序列)标记,从 215 对引物中分离出 111 个位点,并通过聚类分析将 6 个种源聚为 4 类,其中桓仁和凉水聚为一类,小北湖和清源聚为一类,芬兰聚为一类,帽儿山聚为一类。这些研究为白桦种质资源的保护、利用和评价及白桦重要性状基因克隆和分子标记辅助选择提供参考。

1.7 白桦分子设计育种

基因工程是以分子生物学为手段，将遗传物质导入生物体中，产生基因重组，且表达并稳定遗传的生物技术。对于白桦来说，利用基因工程技术可以解决促进开花、改良木材品质、增强抗逆性等常规育种难以解决的问题，在白桦育种中的地位十分重要。

1.7.1 白桦提早开花结实的基因工程育种

花发育是植物有性生殖的重要过程，魏继承等（2010）根据公共数据库中欧洲白桦已发表序列，克隆了*BpMADS1*、*BpMADS3*、*BpMADS5*和*BpSPL1*等4个花发育相关基因；并通过PCR技术克隆了2个新的花发育相关基因*BpSPL2*和*BpAGL2*。Huang等（2014）通过将*BpAP1*基因转入白桦中使之提早开花，该研究使得通过基因工程缩短白桦育种周期成为可能。转录组数据表明，与非转基因白桦相比，转*BpAP1*基因白桦共有8302个差异基因，在生殖发育和双萜类化合物合成方面发生了明显改变（Huang et al.，2015）。通过数据库比对，共发现166个*BpAP1*的靶基因，其中*BpPI*、*BpMADS4*、*BpMADS5*、*FT*、*TFL1*和*LFY*与*BpAP1*均呈极显著的正相关（黄海娇等，2017a）。*BpAP1*基因的插入对转基因植株的花粉活力略有影响，*BpAP1*基因可遗传给T_1代的部分个体，其分离比符合孟德尔分离定律，遗传了*BpAP1*基因的白桦子代仍然呈现出提早开花结实、明显矮化的特点（王朔等，2016）。Li等（2016）通过农杆菌介导将*BpMADS12*基因转入白桦，发现*BpMADS12*基因虽然没能促进白桦提早开花，却改变了雌花序的大小和数量，并降低了种子活力。与非转基因白桦相比，转基因白桦的苗高和地径明显增大，油菜素内酯和玉米素核苷含量显著上升，说明*BpMADS12*基因插入影响了白桦内源激素的生物合成及生长发育的信号转导。总的来说，白桦花发育相关基因的开发研究相对较晚，且花发育是一个非常复杂的过程，揭示其调控机理还需要大量后续研究。

1.7.2 改变白桦木材特性的基因工程育种

白桦是我国东北地区主要的阔叶树种之一，其木材纤维适合造纸，但白桦木质素含量较高，严重影响造纸效率。利用基因工程定向调控木质素和纤维素含量已经成为解决白桦材性改良中最重要问题的手段。肉桂酰辅酶A还原酶（CCR）是木质素合成途径中的关键酶。Zhang等（2012）对转*CCR*基因过表达和抑制表达白桦进行反转录PCR（RT-PCR）测定，发现过表达植株*CCR*基因瞬时表达显著升高而沉默植株显著下降，说明*CCR*基因对木质素合成途径的碳流具有调控作用。韦睿(2012)共获得58个白桦转*BpCCR1*基因株系,其中有39个抑制表达株系和19个超表达株系,研究结果表明,*BpCCR1*基因与白桦木质素合成密切相关,*BpCCR1*基因的插入不仅可以改变木质部导管的数量和排列方式及次生壁的厚度,还能影响白桦苗期的高生长(Zhang et al.,2015)。咖啡酰辅酶A-*O*-甲基转移酶(CCoAOMT)是木质素合成途径中另一种关键酶,主要催化羟基辅酶的甲基化反应,而4-肉桂酸辅酶A连接酶(4CL)是木质素与其他苯丙烷类化合物代谢流向的调控点。陈肃(2009)利用RT-PCR结合cDNA末端快速扩增(RACE)技术从白桦叶片中克隆*4CL2*基因,并对白桦已知的*4CL1*和*CCoAOMT*基因编码的氨基酸序列进行结构分析,发现这两个基因均表现出时间和部位上的差异,其表达与白桦木质化进程有关。宋福南(2009)将*BplCCoAOMT1*基因转入白桦,发现转基因白桦的木质素组分有所改变,推测白桦*BplCCoAOMT1*基因参与木质素合成和S型单体合成。

纤维素是植物细胞壁的主要成分,是造纸工业的主要原料,当前对纤维素相关基因的研究主要集中在纤维素合成酶基因(*CesA*)上。关录凡(2009)对白桦纤维素合成酶基因*BpCesA4*过量表达载体进行构建和遗传转化。王超(2009)通过对白桦形成层组织cDNA文库测序和表达序列标签(EST)分析,鉴定出50个与木材形成相关的基因,这些基因与细胞壁形成、细胞壁扩展、纤维素合成和木质素合成有关。陈鹏飞(2011)分别从白桦叶片和木质部中扩增出*BpCesA1*、*BpCesA2*和*BpCesA3*基因片段,分析表明*BpCesA1*和*BpCesA3*基因与次生壁合成相关,*BpCesA2*基因与初生壁合成相关。目前,利用基因工程技术对白桦木材性状的研究集中于木质素和纤维素,对于其他木材性状的转基因利用还有待于进一步研究。

1.7.3　提高白桦抗逆性的基因工程育种

长期以来,化学方法是白桦病虫害防治的主要手段,但这种方法会使害虫产生抗药性,影响灭虫效果。随着基因工程的发展,转抗虫基因为防治植物虫害提供了新的途径。刘志华(2002)将抗虫基因蜘蛛杀虫肽与*Bt*基因C肽序列的嵌合基因导入白桦基因组中,获得了白桦抗虫植株。验证表明该转基因植株使舞毒蛾幼虫发育迟缓,生长受到抑制。后续的杀虫试验结果表明,转该基因的白桦能够表达杀虫蛋白,杀虫率可达30%以上(詹亚光等,2003)。王志英等(2005)也将转*Bt*基因白桦与对照进行了抗虫性试验,发现取食后的舞毒蛾中肠受损严重,且幼虫发育速率、虫体质量等都存在不同水平的降低。另外,刘堃等(2013)以转*bgt*抗虫基因白桦为材料,研究了不同月份白桦叶片基因组DNA甲基化水平的变异,结果表明转基因白桦叶片成熟和衰老及外源基因表达量的降低均可能与基因组DNA甲基化水平升高相关。

近年来,许多与植物抗旱、抗寒和耐盐有关的基因被克隆,转基因后提高了植物的抗性。张瑞萍(2009)从柽柳 cDNA 文库中克隆到 *ThDHN* 序列后转入白桦，发现转基因株系表现出良好的抗旱耐盐性。李园园等(2013)将来自柽柳的转录因子 *TabZIP* 基因导入白桦基因组中，发现外源 *TabZIP* 基因的表达能够提高转基因株系的耐盐能力。杂交子代家系外源基因检测结果表明，*TabZIP* 转基因株系有 1 个插入位点，其配子类型符合 1∶1 的分离规律(陈素素等，2016)。由于白桦在我国大小兴安岭广泛分布，因此白桦的抗寒性较强，但抗旱耐盐性较差。下一步研究应着重于提高白桦抗旱耐盐能力，从而提高白桦的推广应用价值。

2 四倍体白桦的诱导

多倍体广泛存在于植物界，几乎所有的被子植物在进化过程中都发生了一次或多次的基因组加倍事件(Adams and Wendel，2005)。染色体加倍是植物发生变异的重要途径之一，对物种的进化及育种都具有很重要的意义。植物染色体加倍通常有两种途径：①体细胞有丝分裂时受到外界的影响，其染色体进行了分裂而细胞核不分裂，已分裂的染色体被包进一个细胞核内，形成染色体加倍的细胞；②在配子形成过程中，减数分裂受到扰乱，引起染色体不能正常分配，形成二倍性的不减数配子，不减数的配子受精产生染色体组数加倍的多倍体植株(Adams，2007)。

自从 Blakeslee 等采用曼陀罗(*Datura stramonium*)等植物证实秋水仙素诱导植物多倍体之后，秋水仙素作为一种经济、方便、诱变作用专一性强的细胞染色体加倍剂，被广泛用于观赏植物、药用植物、经济作物和林木多倍体的诱导(Blakeslee and Avery，1937；Johnsson，1956；Hancock，1997；李云和冯大领，2005；武振华等，2005；谢慧波和黄群策，2006；宋平等，2009)。研究表明，秋水仙素诱导多倍体需要适宜的浓度和处理时间，若浓度太高、诱导时间过长会引起植物的死亡，若浓度太低、诱导时间太短又不会发生作用；而且浓度的大小又随不同植物和同一植物的不同组织而异。植物倍性育种中诱导材料主要有种子、雌配子、雄配子和试管苗，诱导的时间一般在 1～7d，秋水仙素浓度范围在 0.05%～0.50%(李云等，2001；康向阳等，2004；张兴翠，2004；汪卫星等，2008；韩超等，2010)，因此，针对不同植物材料，筛选适宜的处理浓度、时间组合是多倍体诱导的关键。

2.1 秋水仙素对白桦种子发芽率及四倍体诱导率的影响

选取白桦种子园内 4 株全同胞家系的种子，分别用 0.1%和 0.2%的秋水仙素浸种 1d、2d、3d 和 4d，同时每个家系用蒸馏水浸种作为对照。浸种后以两层滤纸为发芽床，在 30℃的条件下发芽，计算种子相对发芽率、相对发芽势及成苗率。在此基础上，分别利用倍性分析仪和染色体压片的方法对幼苗进行鉴定，统计四倍体白桦诱导率。

方差分析发现，不同秋水仙素浓度、不同诱导时间、不同家系间种子的相对发芽率和相对发芽势差异均达到了极显著水平；交互作用分析发现，秋水仙素浓度与家系间、诱导时间与家系间及秋水仙素浓度、诱导时间、家系三者间的交互作用明显，相对发芽率、相对发芽势性状在上述交互作用中的差异均达到了极显著水平。但是，每个白桦家系的种子成苗率与秋水仙素的浓度、诱导时间等无关，F 值分别为 0.25 和 0.40，P 值分别为 0.86 和 0.76（表 2-1）。

表 2-1　不同诱导条件下白桦种子相对发芽率和相对发芽势方差分析

变异来源	性状	平方和	自由度	均方	F
秋水仙素浓度	相对发芽率	1.058	2	0.529	15 550.000**
	相对发芽势	5.027	2	2.514	4 508.000**
诱导时间	相对发芽率	0.260	3	0.087	2 544.000**
	相对发芽势	0.262	3	0.087	156.886**
家系	相对发芽率	1.193	3	0.398	11 680.000**
	相对发芽势	0.611	3	0.204	364.963**
浓度×诱导时间	相对发芽率	0.176	6	0.029	860.381**
	相对发芽势	0.145	6	0.024	43.447**
浓度×家系	相对发芽率	0.694	6	0.116	3 401.000**
	相对发芽势	0.909	6	0.152	271.697**
诱导时间×家系	相对发芽率	0.153	9	0.017	499.710**
	相对发芽势	0.179	9	0.020	35.618**
浓度×诱导时间×家系	相对发芽率	0.253	18	0.014	413.615**
	相对发芽势	0.312	18	0.017	31.068**

**表示在 0.01 水平差异显著，下同

　　进一步对不同诱导时间条件下各家系种子相对发芽率和相对发芽势进行方差分析，发现不同诱导时间对二者的影响均达到了极显著水平（表 2-2）。多重比较（图 2-1）发现，秋水仙素浓度由 0.1%增加到 0.2%，种子的相对发芽率由对照的 100%分别降低到 89.63%和 79.00%，相对发芽势由对照的 100%分别降低到 69.02%和 55.35%，说明 2 种秋水仙素浓度均能阻碍种子的萌发，并且 0.2%的秋水仙素对种子发芽的影响更大。对获得的数据进一步分析（表 2-3）发现，随着诱导时间的延长，参试家系种子的相对发芽率和相对发芽势大都呈现由高到低再增高的变化趋势。在 2 种秋水仙素浓度条件下，诱导 3d 的种子相对发芽率和相对发芽势均最小（0.1%浓度下 B4 家系除外），各家系平均分别为 71.17%、48.39%，较诱导 1d 的相对发芽率、相对发芽势降低了 20.06%和 21.00%。此外，秋水仙素对参试家系种子相对发芽率、相对发芽势的影响不尽相同（表 2-3），参试的 4 个家系中 B3 家系相对发芽率和相对发芽势显著低于其他家系（B2 家系除外），说明该家系种子

对秋水仙素反应敏感。

表 2-2　不同诱导时间条件下各家系种子相对发芽率和相对发芽势方差分析

萌发特性	秋水仙素浓度/%	家系	平方和	自由度	均方	F
相对发芽率	0.1	B1	0.008	3	0.003	163.333**
		B2	0.019	3	0.006	772.000**
		B3	0.135	3	0.045	528.500**
		B4	0.028	3	0.009	563.167**
	0.2	B1	0.052	3	0.017	1031.000**
		B2	0.048	3	0.016	1900.000**
		B3	0.401	3	0.134	553.057**
		B4	0.152	3	0.051	3031.000**
相对发芽势	0.1	B1	0.069	3	0.023	1374.000**
		B2	0.051	3	0.017	1022.000**
		B3	0.072	3	0.024	143.517**
		B4	0.194	3	0.065	516.711**
	0.2	B1	0.097	3	0.032	1945.000**
		B2	0.059	3	0.020	591.583**
		B3	0.236	3	0.079	12.515**
		B4	0.121	3	0.040	1208.000**

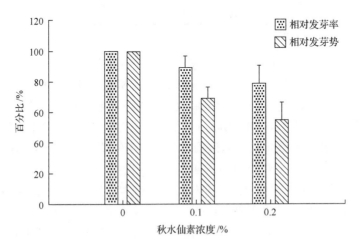

图 2-1　不同秋水仙素浓度下种子的相对发芽率和相对发芽势

表 2-3　不同诱导时间条件下各家系种子相对发芽率和相对发芽势多重比较

秋水仙素浓度/%	诱导时间/d	相对发芽率/%					相对发芽势/%				
		B1	B2	B3	B4	均值	B1	B2	B3	B4	均值
0.1	1	101.00C	94.00B	80.67C	103.00C	94.67D	84.33D	80.00B	59.33C	76.67C	75.08D
	2	97.33B	100.00C	73.67B	96.33B	91.83C	73.00B	87.67C	50.00B	82.67D	73.34C
	3	93.67A	88.67A	52.67A	97.00B	83.00A	63.00A	69.33A	43.33A	68.33B	61.00A
	4	98.00B	94.00B	74.67B	89.33A	89.00B	74.67C	80.00B	63.00D	49.00A	66.67B
	均值	97.50D	94.17B	70.42A	96.42C		73.75C	79.25D	53.92A	69.17B	
0.2	1	101.00D	93.00C	77.67D	74.00B	86.42D	88.00C	47.67D	57.00B	55.67A	62.09C
	2	95.33C	90.67B	58.00C	96.33D	85.08C	76.33B	36.33B	47.33B	81.33D	60.33C
	3	83.00A	80.00A	29.00A	68.00A	65.00A	66.33A	29.33A	19.00A	58.67B	44.33A
	4	91.33B	97.00D	41.33B	88.33C	79.50B	66.33A	43.67C	44.00B	68.67C	55.67B
	均值	92.67D	90.17C	51.50B	81.67B		74.25C	39.25A	41.83A	66.09B	

注：不同大写字母表示在 0.01 水平差异显著，不同小写字母表示在 0.05 水平差异显著，相同字母表示差异不显著，下同

　　用秋水仙素处理白桦种子共获得 7254 株苗木，利用流式细胞仪(PA-I，Partec)对五年生幼树进行倍性检测，发现嵌合体诱导率为 0.25%、四倍体诱导率为3.23%(图 2-2)。在油镜下进行根尖染色体压片观察，进一步证明其为四倍体(图 2-3)。

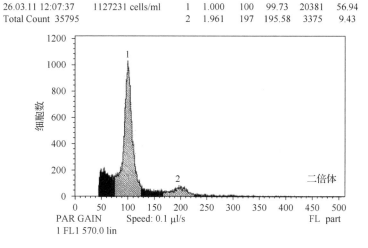

File: 7 9
26.03.11 12:07:37　　1127231 cells/ml
Total Count 35795

Peak	Index	Mode	Mean	Area	Area%	CV%
1	1.000	100	99.73	20381	56.94	6.27
2	1.961	197	195.58	3375	9.43	8.56

二倍体

PAR GAIN　　Speed: 0.1 μl/s　　　　FL part
1 FL1 570.0 lin

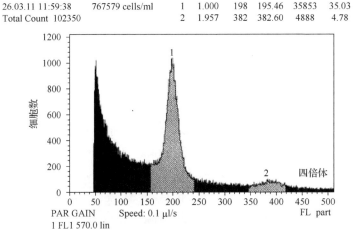

图 2-2　不同倍性白桦流式细胞仪鉴定

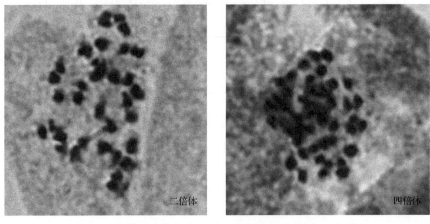

图 2-3　白桦根尖染色体压片观察(彩图请扫封底二维码)

2.2　桦树种间及家系间四倍体诱导率的差异

前期试验结果表明,0.1%和0.2%浓度的秋水仙素均能显著影响白桦种子相对发芽率及相对发芽势,且浓度在0.2%时的影响更加明显,在诱导3d时相对发芽率和相对发芽势明显下降;所以,在研究不同桦树及家系的诱导率时,选用0.2%的秋水仙素水溶液浸种3d的诱导条件。

对2种桦树的7个家系种子诱导及染色体倍性检测显示,桦树种间及家系间多倍体的诱导率明显不同。从图2-4可以看出,2种桦树种中,欧洲白桦(YB)的四倍体诱导率最高,平均为3.76%,嵌合体的诱导率也较高,平均为0.40%;而白桦杂种(BZ)F_1代的四倍体平均诱导率仅为0.09%,嵌合体为0.04%。桦树种内家系间的诱导率也存在显著差异，如欧洲白桦中四倍体诱导率最高的家系是 YB3，为 8.86%，其次是家系 YB4 为 5.71%，而家系 YB1 没有筛选到染色体加倍的个体。

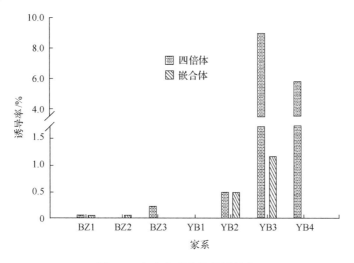

图 2-4　各个家系多倍体诱导率

秋水仙素诱导植物多倍体的效果受诸多因素影响，如材料、浓度、时间、温度及某些辅助剂等(常青云等，2007)。本研究仅探讨了浓度与时间对白桦种子四倍体诱导的影响，在这 2 种因素的作用下，白桦杂种诱导率较低，其他因素是否能够提高白桦杂种诱导效果还有待于进一步研究。从试验结果可以看出，采用 0.2%秋水仙素浸种 3d，诱导欧洲白桦比较适宜，获得四倍体的比率较大。以中国白桦及白桦杂种 F_1 半同胞种子为材料诱导四倍体的条件还有待于进一步筛选，0.3%及更高浓度的秋水仙素浓度对中国白桦及白桦杂种四倍体的诱导可能更为适合，这还需要进一步研究验证。另外，研究表明，林木多倍体品种表现优劣与其杂合性密切相关(康向阳，2010)。为了增进四倍体白桦的杂合性，最大限度地发挥白桦多倍体育种的技术潜力，开展白桦种间的远源杂交，对杂种子代再加倍，从而获得更多的白桦异源四倍体将是我们今后的研究目标。

3 四倍体白桦的生长及光合生理特性

林木在染色体加倍后，各染色体在减数分裂过程中的不均衡分配及基因的剂量效应和互作效应，都会破坏植物原有生理生化功能的平衡，致使植株发生一系列变化，如生长速度加快(朱之悌等，1995)、材质材性增强(Li and Wyckoff, 1993; 邢新婷等，2004)、代谢产物含量增加(余茂德等，2004; 王茜龄等，2008; 王遂等，2014，2015)、抗逆性增强(孟凡娟等，2008; Liu et al.，2012)等。研究染色体加倍后白桦的表型变异，测定四倍体白桦生长、光合和生理的相关性状，可以为四倍体白桦的后续研究提供参考。

3.1 四倍体白桦的叶片形态特征

选择定植于白桦强化种子园内 5 株八年生四倍体白桦(B1、B8、B9、B16、B22)和 1 株八年生二倍体白桦(CK)进行测定。通过对四倍体和二倍体白桦的观察发现，染色体加倍后使得白桦的叶片和气孔明显增大，叶缘明显褶皱(图 3-1、图 3-2)。在此基础上，测定了不同白桦四倍体与二倍体的叶片长度、叶片宽度、叶面积及气孔长度，结果表明，不同株系在叶片长度、叶片宽度、叶面积及气孔长度方面的差异均达到了极显著水平(表 3-1)；其中，B22 的叶面积和气孔长度最大，分别为 83.68cm^2 和 29.19μm，比二倍体高 18.85%和 149.27%(表 3-2)。

图 3-1 四倍体与二倍体白桦的叶片(彩图请扫封底二维码)

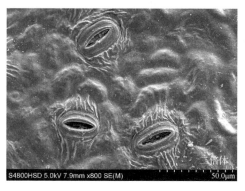

图 3-2 四倍体与二倍体白桦的气孔

表 3-1 不同白桦四倍体与二倍体叶片长度、叶片宽度、叶面积和气孔长度的方差分析

性状	平方和	自由度	均方	F
叶片长度	120.531	5	24.106	14.731**
叶片宽度	108.551	5	21.710	21.625**
叶面积	4393.649	5	878.730	8.852**
气孔长度	5063.962	5	1012.792	56.043**

表 3-2 不同白桦四倍体与二倍体叶片长度、叶片宽度、叶面积和气孔长度的多重比较

株系	叶片长度/cm	叶片宽度/cm	叶面积/cm²	气孔长度/μm
B1	11.32±1.48c	9.35±1.02c	74.29±9.38bc	18.65±3.98d
B8	11.42±0.90c	10.17±0.95b	71.24±5.41c	24.12±3.78b
B9	12.40±1.88ab	11.26±1.12a	79.14±7.12ab	21.43±4.96c
B16	12.09±1.14b	10.29±1.02b	80.79±13.73a	21.21±4.75c
B22	13.02±1.08a	11.23±0.91a	83.68±9.33a	29.19±5.26a
CK	10.49±0.89d	9.34±0.97c	70.41±12.33c	11.71±1.84c

3.2 四倍体白桦的光合特性

光合作用是植物体内极为重要的代谢过程，它的强弱对植物的生长、产量和抗逆性都有十分重要的影响。通过对不同白桦四倍体及二倍体净光合速率、蒸腾速率和水分利用率的测定，发现不同株系在净光合速率、蒸腾速率和水分利用率方面差异均达到极显著水平（表 3-3）；在净光合速率和蒸腾速率方面，B8 表现最优，其净光合速率和蒸腾速率分别达到 12.07μmol/(m²·s) 和 5.91mmol/(m²·s)，比二倍体高 36.54%和 13.65%；在水分利用率方面，B1 表现最优，其水分利用率达到 2.39μmol/mol，比二倍体高 32.78%（表 3-4）。

表 3-3　不同白桦四倍体与二倍体气体交换参数的方差分析

性状	平方和	自由度	均方	F
净光合速率	576.034	5	115.207	27.565**
蒸腾速率	160.308	5	32.062	16.998**
水分利用率	6.466	5	1.293	3.958**

表 3-4　不同白桦四倍体与二倍体气体交换参数的多重比较

株系	净光合速率/[μmol/(m²·s)]	蒸腾速率/[mmol/(m²·s)]	水分利用率/(μmol/mol)
B1	6.51±1.78e	2.84±0.83c	2.39±0.63a
B8	12.07±2.06a	5.91±1.32a	2.12±0.53a
B9	10.22±1.98bc	4.93±1.62b	2.23±0.63a
B16	11.25±1.95ab	5.06±1.22b	2.33±0.58a
B22	10.04±2.51c	4.85±1.49b	2.18±0.52a
CK	8.84±1.91d	5.20±1.60b	1.80±0.52b

叶绿素荧光是光合作用的有效探针，可以反映光合机构内一系列重要的调节过程。通过对各种荧光参数的分析，可以得到有关光能利用途径的信息。通过对不同白桦四倍体和二倍体叶绿素荧光参数的测定，发现不同株系在 Φ_{PSII}、qP 和 NPQ 方面差异达到极显著或显著水平，在 F_v/F_m 方面差异不显著（表 3-5）；在 Φ_{PSII} 和 qP 方面，B8 表现最优，其 Φ_{PSII} 和 qP 分别达到 0.494 和 0.732，比二倍体高 33.51% 和 30.25%；在 NPQ 方面，各个四倍体均低于二倍体，其中，B1 的 NPQ 值最高，也仅为 0.890，比二倍体低 2.09%（表 3-6）。

表 3-5　不同白桦四倍体与二倍体叶绿素荧光参数的方差分析

性状	平方和	自由度	均方	F
F_v/F_m	0.002	5	0.000	1.289
Φ_{PSII}	0.667	5	0.133	13.609**
qP	1.304	5	0.261	12.503**
NPQ	0.853	5	0.171	2.836*

* 表示在 0.05 水平差异显著，下同

表 3-6　不同白桦四倍体与二倍体叶绿素荧光参数的多重比较

株系	F_v/F_m	Φ_{PSII}	qP	NPQ
B1	0.786±0.019a	0.310±0.072d	0.475±0.107c	0.890±0.198ab
B8	0.781±0.016a	0.494±0.093a	0.732±0.132a	0.717±0.262c
B9	0.780±0.018a	0.393±0.105c	0.587±0.156b	0.791±0.217abc
B16	0.784±0.014a	0.466±0.088ab	0.697±0.126a	0.755±0.276bc
B22	0.789±0.016a	0.416±0.135bc	0.619±0.193b	0.791±0.256abc
CK	0.782±0.019a	0.370±0.090c	0.562±0.137b	0.909±0.254a

3.3 四倍体白桦的主要生理指标

可溶性糖和可溶性蛋白是植物的主要代谢产物，它们对植物的生长发育有重要作用；叶绿素是植物中一类重要的色素分子，对植物光合作用的正常进行起着决定性作用。通过对不同白桦四倍体和二倍体可溶性糖含量、可溶性蛋白含量和叶绿素含量的测定，发现不同株系在可溶性糖含量、可溶性蛋白含量和叶绿素含量方面均达到显著或极显著水平（表 3-7）；在可溶性糖含量方面，B8 表现最优，达到 0.924μg/g，比二倍体高 13.93%；在可溶性蛋白含量方面，B22 表现最优，达到 1.372mg/g，比二倍体高 30.17%；在叶绿素含量方面，B9 表现最优，达到 44.86SPAD，比二倍体高 9.71%（表 3-8）。

表 3-7 不同白桦四倍体与二倍体主要生理指标的方差分析

性状	平方和	自由度	均方	F
可溶性糖含量	0.030	5	0.006	4.343*
可溶性蛋白含量	0.207	5	0.041	10.897**
叶绿素含量	324.108	5	64.822	25.228**

表 3-8 不同白桦四倍体与二倍体主要生理指标的多重比较

株系	可溶性糖含量/(μg/g)	可溶性蛋白含量/(mg/g)	叶绿素含量/SPAD
B1	0.828±0.050b	1.074±0.065cd	41.85±1.48d
B8	0.924±0.032a	1.099±0.041bcd	42.85±1.24c
B9	0.862±0.004ab	1.203±0.101b	44.86±1.63a
B16	0.912±0.045a	1.182±0.027bc	43.42±1.52bc
B22	0.863±0.046ab	1.372±0.036a	44.17±1.83ab
CK	0.811±0.025b	1.054±0.068d	40.89±1.85e

3.4 四倍体白桦的主要内源激素含量变化

植物激素是指一类小分子化合物，它们在极低的浓度下便可以显著影响植物的生长发育。生长素是第一个被发现的植物激素，可以促进植物生长。脱落酸在植物的生长、抗逆和休眠方面具有重要作用。赤霉素不仅可以促进植物生长，还在从种子萌发到开花结果等各种生理现象中扮演重要角色。通过对不同白桦四倍体和二倍体生长素含量、脱落酸含量和赤霉素含量的测定，发现不同株系在生长素含量、脱落酸含量和赤霉素含量方面均达到极显著水平（表 3-9）；在生长素含量和赤霉素含量方面，B9 表现最优，其生长素含量和赤霉素含量分别达到 0.184pmol/g

和 0.179pmol/g，比二倍体高 58.62%和 70.48%；在脱落酸含量方面，B16 表现最优，达到 1.083μg/g，比二倍体高 40.47%（表 3-10）。

表 3-9　不同白桦四倍体与二倍体主要内源激素的方差分析

性状	平方和	自由度	均方	F
生长素含量	0.014	5	0.003	13.365[**]
脱落酸含量	1.409	5	0.282	50.356[**]
赤霉素含量	0.016	5	0.003	8.195[**]

表 3-10　不同白桦四倍体与二倍体主要内源激素的多重比较

株系	生长素含量/(pmol/g)	脱落酸含量/(μg/g)	赤霉素含量/(pmol/g)
B1	0.111±0.003b	0.274±0.021c	0.098±0.010d
B8	0.171±0.026a	1.077±0.019a	0.137±0.021bc
B9	0.184±0.010a	0.949±0.036a	0.179±0.033a
B16	0.137±0.006b	1.083±0.100a	0.158±0.008ab
B22	0.168±0.021a	0.979±0.101a	0.160±0.019ab
CK	0.116±0.004b	0.771±0.106b	0.105±0.015cd

植物多倍体的染色体加倍不仅可以带来营养器官的巨大性变化，还可以促进新陈代谢，使植物体内某些代谢产物的含量提高。五年生三倍体毛白杨(*Populus tomentosa*)纤维平均长大于 1.28mm，比二倍体长 52.4%(房桂干等，2001)。漆树(*Toxicodendron verniciffuum*)三倍体的产漆量比二倍体高 1~2 倍(尚宗燕和张继祖，1985)。本研究发现，在生长方面，四倍体白桦的叶面积和气孔长度分别比二倍体高 10.54%和 95.73%。在光合作用方面，四倍体白桦的净光合速率、Φ_{PSII} 和 qP 分别比二倍体高 13.33%、12.38%和 10.68%。在生理指标和激素含量方面，四倍体白桦的可溶性糖含量、可溶性蛋白含量、叶绿素含量、生长素含量、脱落酸含量和赤霉素含量分别比二倍体高 8.24%、12.52%、6.21%、32.93%、13.15%和 39.43%。这些变化都是由白桦染色体加倍后基因重新表达所造成的。

4 四倍体白桦的开花结实特性

四倍体植物的变异不仅体现在营养生长上，在花序形态、花器官结构、花器官育性及花器官发育过程等方面均与二倍体有明显差异（郝晨等，2006；Diao et al.，2010）。四倍体的花器官与二倍体的相比虽然有变大的趋势，但同时表现出果实或种子成熟期推迟、育性低等缺陷，成为人们利用植物多倍体进行遗传改良的最大障碍（梁毅等，1998）。研究四倍体白桦的开花结实特性，不仅对开展三倍体白桦的创制具有重要意义，也为营建三倍体白桦种子园提供参考。

4.1 四倍体白桦的雄花结构

对四倍体和二倍体白桦雄花序的观察表明，二者均为由小聚伞花序组成的柔荑花序，每个小聚伞花序由1枚主苞片、2枚次苞片和3朵雄花组成，每朵雄花包含1枚被片、2枚雄蕊，每枚雄蕊具有2枚二裂花药（图4-1）。四倍体与二倍体的雄花序虽然在结构方面没有差异，但是大小明显不同。对白桦雄花序长度及雄花主苞片长度的测量结果表明，不同株系在雄花序长度及雄花主苞片长度方面的差异均达到了极显著水平（表4-1）。在雄花序长度方面，B16表现最优，达到130.88mm，比二倍体高80.18%；在雄花主苞片长度方面，B1表现最优，达到3.46mm，比二倍体高26.74%（表4-2）。以上结果表明，白桦染色体加倍后，在柔荑雄花序的形态上表现出巨大性，主要体现在四倍体白桦雄花的花序轴、苞片、被片和花药均明显大于二倍体白桦（图4-1）。

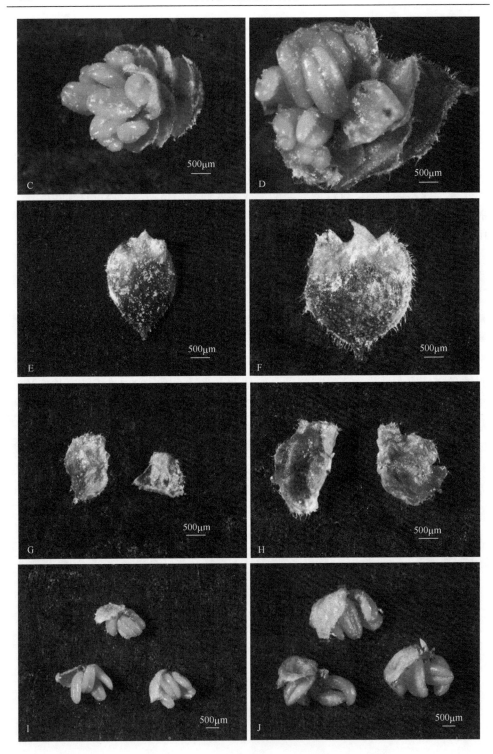

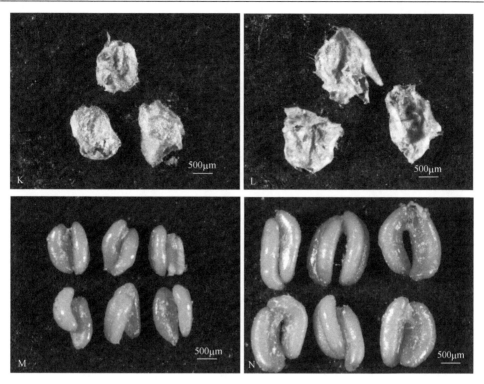

图 4-1 四倍体和二倍体白桦的雄花(彩图请扫封底二维码)

A. 二倍体柔荑花序；B. 四倍体柔荑花序；C. 二倍体小聚伞花序；D. 四倍体小聚伞花序；E. 二倍体主苞片；
F. 四倍体主苞片；G. 二倍体次苞片；H. 四倍体次苞片；I. 二倍体雄花；J. 四倍体雄花；K. 二倍体被片；
L. 四倍体被片；M. 二倍体花药；N. 四倍体花药

表 4-1 不同白桦四倍体与二倍体雄花序长度和雄花主苞片长度的方差分析

性状	平方和	自由度	均方	F
雄花序长度	54 648.596	5	10 929.719	67.089**
雄花主苞片长度	38.422	5	7.684	155.266**

表 4-2 不同白桦四倍体与二倍体雄花序长度和雄花主苞片长度的多重比较 （单位：mm）

株系	雄花序长度	雄花主苞片长度
B1	111.48±15.22b	3.46±0.29a
B8	83.05±7.03d	3.17±0.18b
B9	99.21±12.29c	2.58±0.11e
B16	130.88±16.80a	2.78±0.23d
B22	98.45±13.96c	2.93±0.31c
CK	72.64±10.88e	2.73±0.18d

4.2　四倍体白桦的花粉萌发及形态

对不同白桦四倍体及二倍体的花粉萌发率的测定结果表明，不同株系的花粉萌发率差异达到极显著水平(表 4-3)，参试四倍体白桦的花粉萌发率均显著低于二倍体(图 4-2、表 4-4)。四倍体白桦的花粉平均萌发率仅为 12.80%，比二倍体低64.67%，其中 B16 的花粉萌发率最高，也仅为 14.58%，比二倍体低 59.76%。说明白桦在染色体加倍成为四倍体后，花粉萌发率显著降低。

表 4-3　不同白桦四倍体与二倍体花粉直径、花粉萌发孔深度、非正常花粉比例和花粉萌发率的方差分析

性状	平方和	自由度	均方	F
花粉直径	41961.170	5	8392.234	1139.320**
花粉萌发孔深度	634.320	5	126.864	823.507**
非正常花粉比例	12.617	5	2.523	236.751**
花粉萌发率	2.119	5	0.424	212.737**

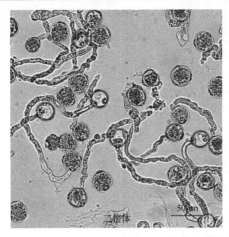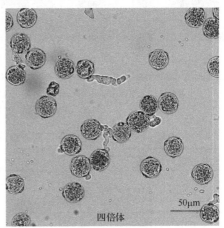

图 4-2　四倍体和二倍体白桦的花粉萌发(彩图请扫封底二维码)

表 4-4　不同白桦四倍体与二倍体的花粉直径、花粉萌发孔深度、非正常花粉比例和花粉萌发率的多重比较

株系	花粉直径/μm	花粉萌发孔深度/μm	非正常花粉比例/%	花粉萌发率/%
B1	29.11±3.28c	3.37±0.46c	55.88±15.38b	12.13±2.44c
B8	29.27±2.68c	3.48±0.40b	46.18±11.01c	13.75±2.22b
B9	31.59±2.11a	3.35±0.33c	44.41±8.01c	14.39±2.01b
B16	28.36±3.14d	3.30±0.42d	42.08±5.86c	14.58±2.44b
B22	30.63±2.99b	3.56±0.41a	77.36±9.28a	9.16±2.13d
CK	23.32±1.68e	2.58±0.31e	4.02±1.29d	36.23±8.01a

对四倍体和二倍体白桦花粉形态的观察表明，二者的正常花粉均为球状，具有3个萌发孔(图4-3)。在花粉粒大小和萌发孔深度方面，四倍体与二倍体间的差异均极显著(表4-3)，各四倍体株系的花粉直径和萌发孔深度均显著高于二倍体(表4-4)，四倍体白桦的花粉平均直径为29.79μm，比二倍体高27.75%，其中B9的花粉直径最大，达到31.59μm，比二倍体高35.46%；四倍体的平均萌发孔深度比二倍体深32.17%，其中B22的花粉萌发孔深度最大，达到3.56μm，比二倍体深37.98%。

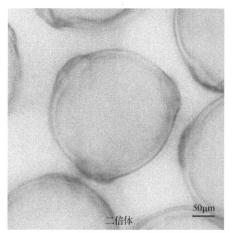
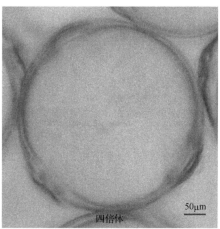

图4-3　四倍体和二倍体白桦的正常花粉(彩图请扫封底二维码)

在花粉粒中除正常花粉外，还存在一些形态特殊的非正常花粉粒，尤其在四倍体中居多。这些非正常花粉粒主要表现为：花粉壁破裂、褶皱不平；花粉粒极小；花粉粒非圆形；萌发孔增加等(图4-4)。参试四倍体白桦的非正常花粉比例虽然不尽相同，但均显著高于二倍体白桦(表4-4)，其非正常花粉比例在77.36%～42.08%，非正常花粉比例最低的是B16，也比二倍体高946.77%。因此，初步认为四倍体白桦的小孢子母细胞在减数分裂时发生紊乱，形成了大量非正常花粉。

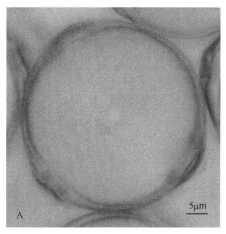
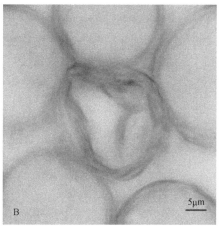

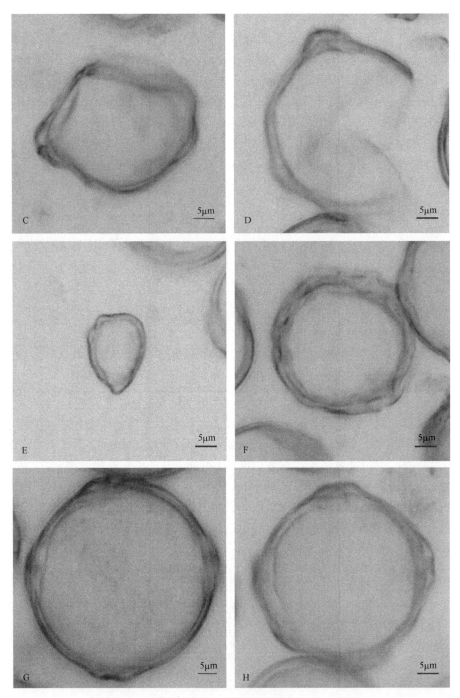

图 4-4　白桦不同类型的花粉（彩图请扫封底二维码）
A. 正常花粉；B. 皱缩花粉；C. 菱形花粉；D. 破裂花粉；E. 侏儒花粉；
F. 外壁不平花粉；G. 四孔花粉；H. 五孔花粉

在此基础上，对不同白桦四倍体的花粉萌发率与非正常花粉比例进行相关分析，结果表明，四倍体白桦的花粉萌发率与非正常花粉比例呈现出极显著的负相关（$r=-0.997$；$P<0.01$；$n=5$）（图4-5），表明四倍体白桦的花粉萌发率与非正常花粉比例之间有着极显著的相关性，即非正常花粉比例越低，花粉萌发率越高。

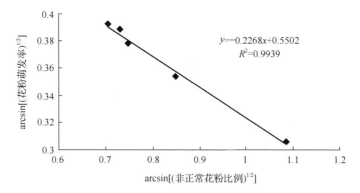

$$y=-0.2268x+0.5502$$
$$R^2=0.9939$$

图4-5 四倍体白桦非正常花粉比例与花粉萌发率的相关分析

4.3 四倍体白桦的雌花结构及果序特征

对四倍体和二倍体白桦雌花序的观察表明，二者均为由小聚伞花序组成的穗状花序，每个小聚伞花序由1枚主苞片、2枚次苞片和3朵雌花组成，每朵雌花包含1枚雌蕊，每枚雌蕊具有2枚花柱，无被片（图4-6），四倍体与二倍体的雌花序在结构方面没有差异。授粉后，对白桦果序长度和果序直径的测量结果表明，不同株系在果序长度和果序直径方面的差异均达到了极显著水平（图4-7、表4-5）；在果序长度方面，B22表现最优，达到63.62mm，比二倍体高33.97%；在果序直径方面，B8表现最优，达到15.52mm，比二倍体高63.71%（表4-6）。以上结果表明，白桦染色体加倍后，在果序形态上表现出巨大性，主要体现在四倍体白桦果序长度和果序直径均明显大于二倍体白桦。

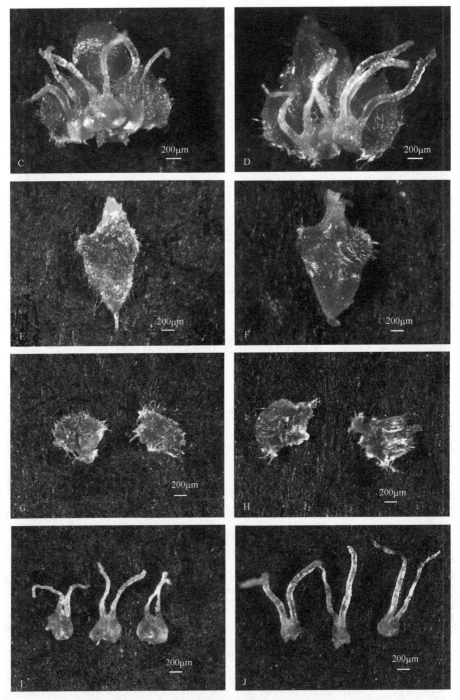

图 4-6　四倍体和二倍体白桦的雌花(彩图请扫封底二维码)

A. 二倍体穗状花序；B. 四倍体穗状花序；C. 二倍体小聚伞花序；D. 四倍体小聚伞花序；E. 二倍体主苞片；
F. 四倍体主苞片；G. 二倍体次苞片；H. 四倍体次苞片；I. 二倍体雌蕊；J. 四倍体雌蕊

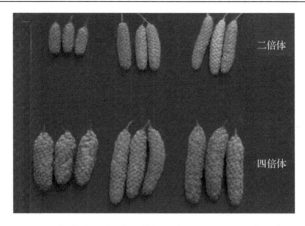

图 4-7 四倍体与二倍体白桦的果序(彩图请扫封底二维码)

表 4-5 不同白桦四倍体与二倍体果序长度和果序直径的方差分析

性状	平方和	自由度	均方	F
果序长度	6382.006	5	1276.401	52.374[**]
果序直径	861.640	5	172.328	221.507[**]

表 4-6 不同白桦四倍体与二倍体果序长度和果序直径的多重比较 (单位：mm)

株系	果序长度	果序直径
B1	55.27±3.16c	14.43±1.05b
B8	49.64±4.12d	15.52±0.92a
B9	48.12±3.71d	11.67±1.01d
B16	59.73±5.99b	12.21±0.99c
B22	63.62±6.99a	9.54±0.68e
CK	47.49±3.61d	9.48±0.58e

植物多倍体在染色体加倍后，由于其减数分裂紊乱，从而导致了育性减弱。Diao 等(2010)对黄瓜四倍体的花粉母细胞进行观察，发现能够形成正常四分体的花粉母细胞的比率仅为 55.4%。Wang 等(2010a)在观察银腺杨(*Populus alba*×*P. glandulosa*)与毛白杨杂种三倍体的花粉形成过程中，发现了大量的染色体配对异常、滞后染色体、染色体桥、微核及多纺锤体的现象。本研究通过对四倍体白桦雌雄花、花粉及种子的观察测定，发现四倍体白桦在花的结构方面与二倍体相比没有发生明显改变，但在花的大小方面表现出巨大性。四倍体白桦的雄花序长度、雄花主苞片长度、花粉直径、果序长度和果序直径分别比二倍体高 44.02%、9.30%、27.75%、16.40%和 33.69%。四倍体白桦的花粉萌发率比二倍体低 64.67%。前期的研究表明，四倍体白桦的育性降低主要体现在雄配子上，即♀2x×♂4x 的种子全部败育，而雌配子发育正常，♀4x×♂2x 的子代全部为三倍体(Mu et al.，2012a；

Lin et al.，2013a)，这为今后开展三倍体白桦的创制提供了重要的参考。在建立三倍体种子园时，既要考虑如何在四倍体的周围合理配置优良二倍体以提供充足花粉来获得三倍体种子，又要考虑二倍体之间怎样合理配置来获得优良二倍体杂种，使营建的三倍体种子园既可以生产优良三倍体种子，又可以充分利用授粉树获得优良二倍体种子，从而产生更大的经济效益。

5 四倍体白桦的基因表达特性

植物在染色体加倍后，存在大量的重复基因和来自不同或相同二倍体祖先的重复基因组，在一个共同的多倍体核中，这些重复的基因有三种不同的命运：一是多数重复基因保持与在二倍体基因组中相同或相似的功能，并正常表达；二是多倍体植物 DNA 序列胞嘧啶甲基化特定状态的改变和染色质结构的改变引起的基因沉默现象；三是植物多倍化的过程中引起基因的脱甲基化而引起基因激活，也可激活反转座子、蛋白质编码序列及一些未知功能的序列，多倍体植物基因重新分化并执行新的功能(Adams，2007)。基因重组的结果一方面在很大程度上改善了不同基因组组分之间及核基因组与细胞质基因组之间的相互关系，提高了相容性水平；另一方面也为多倍体植物的适应进化及不同多倍体品系的分化提供了一个遗传变异的源泉(Ahuja，2005)。在前期的研究中，四倍体白桦表现出叶片明显增大、气孔变大但密度减少、净光合速率提高、可溶性蛋白含量明显增大、开花结实期明显延长、结实量和育性明显降低、高生长降低、木材纤维变长等特点(穆怀志，2010；杜琳等，2011；Mu et al.，2012a，2012b；Lin et al.，2013a)，这些变化是由白桦染色体加倍后基因重新表达所造成的。那么，四倍体白桦基因组内哪些基因转录发生了变化？关闭了哪些？增加了哪些？基因表达的量是多少？只有通过测定其基因转录组，才能分析其基因表达的差异，找到其生长和开花结实发生变异的真正原因。

过去人们研究植物多倍体的基因转录差异时，经常采用基因芯片技术，但利用该技术必须预先知道基因组信息(Stupar et al.，2007；Riddle et al.，2010；Yu et al.，2010)。新一代高通量测序技术的迅速发展(Solexa，454 GS-FLX，SOLID)不仅给基因组领域带来革命性的突破，同时也给转录组的检测方法带来重大革新(Fu et al.，2009；Wang et al.，2009；Garber et al.，2011)。与基因芯片技术相比，RNA-Seq 无需设计探针，能在全基因组范围内以单碱基分辨率检测和量化转录片段，并能应用于基因组图谱尚未完成的物种，具有信噪比高、分辨率高、应用范围广、成本低等优势，正成为研究基因表达和转录组的重要试验手段(Wang et al.，2010b；Wu et al.，2010；Wang et al.，2012；Mu et al.，2013；Lin et al.，2013b；Yang et al.，2015)。因此，我们采用 RNA-Seq 技术测定四倍体和二倍体白桦的转录组，并应用生物信息学方法对所得序列与核酸及蛋白质数据库中的序列进行比对分析，试图从不同倍性白桦生长和开花结实相关的功能基因组水平上研究白桦重要基因的表达，揭示四倍体白桦变异的分子机理，为深入理解四倍体白桦的变异、白桦重要性状关键调控基因的克隆及白桦基因工程育种提供参考。

5.1 白桦转录组的测序、组装及注释

5.1.1 白桦转录组测序及组装

由于茎尖的分生组织可进一步分化出叶片、主枝、侧枝及茎的初生结构和次生结构等林木地上部分所有组织和器官(Wong et al.，2008)，因此，选择定植于白桦强化种子园内 2 株八年生四倍体白桦(B1 和 B16)和 1 株八年生二倍体白桦(CK)，分别采集其 1cm 左右的茎尖进行转录组研究。为了获取更加准确的数据，我们将白桦、欧洲白桦、裂叶桦(B. Pendula 'Dalecarlica')、紫雨桦(B. pendula 'Purple Rain')和盐桦(B. halophila)的 43 个转录组文库进行组装。

将四倍体(B1 和 B16)和二倍体(CK)白桦茎尖分生组织的 RNA 进行转录组测序，得到的核苷酸总量分别为 9 632 298 240nt、9 581 927 040nt 和 9 311 425 740nt，clean reads 总数分别为 80 028 330、80 701 009 和 77 355 763，Q20 百分比均高于 94%，N 百分比均为 0.00%(表 5-1)。在此基础上，将获得的 6 个转录组文库与另外 37 个桦木转录组文库进行组装，共得到 132 427 个 unigene，其平均长度为 688nt。其中，长度≥500nt 的 unigene 数目为 49 953，占所有 unigene 的 37.72%(表 5-2)。

表 5-1　四倍体与二倍体白桦的测序产量

参数	CK			B1			B16		
	重复 1	重复 2	重复 3	重复 1	重复 2	重复 3	重复 1	重复 2	重复 3
核苷酸量/nt	4.61G	2.35G	2.35G	4.77G	2.44G	2.42G	4.94G	2.32G	2.31G
clean reads 数目	51.25M	13.04M	13.06M	53.03M	13.54M	13.46M	54.94M	12.91M	12.86M
Q20 百分比/%	96.69	95.00	97.47	96.93	97.52	97.53	96.65	97.57	94.99
N 百分比/%	0.00	0.00	0.00	0.00	0.00	0.00	0.00	0.00	0.00
GC 百分比/%	48.53	47.41	47.78	47.92	47.74	47.77	48.28	47.60	47.37

注：GC 表示鸟嘌呤和胞嘧啶的碱基对；Q20、N、N50 均为转录组测序的常用参数反映测序质量

表 5-2　桦木转录组文库的组装质量

片段长度/nt	contig		unigene	
	数目	百分比/%	数目	百分比/%
<200	141 340	60.39	22 877	17.28
200～499	59 030	25.22	59 597	45.00
500～999	16 789	7.17	22 276	16.82
1000～1499	7 334	3.13	11 373	8.59

续表

片段长度/nt	contig		unigene	
	数目	百分比/%	数目	百分比/%
1500～1999	4 437	1.90	7 222	5.45
2000～2499	2 358	1.01	4 011	3.03
2500～2999	1 202	0.51	2 178	1.64
≥3000	1 552	0.67	2 893	2.18
总计	234 042	100.00	132 427	100.00
N50/nt	627		1 272	
平均长度/nt	337		688	
总长度/nt	78 980 628		91 048 106	

5.1.2　转录组序列的功能注释

将获得的 unigene 在 Nr、Nt、Swiss-Prot、KEGG、COG 和 GO 等 6 个数据库中进行注释,结果表明,在这 6 个数据库中,得到注释的 unigene 数目分别为 57 903、41 005、35 816、34 497、23 246 和 35 753,共有 63 053 个 unigene 得到注释,占所有 unigene 的 47.61%(图 5-1)。根据 Nr 数据库的注释结果,32 298 个 unigene 的 E 值≤10^{-30},占 Nr 注释 unigene 的 55.78%(图 5-2);10 416 个 unigene 与 Nr 数据库中已知序列的相似度大于等于 80%,占 Nr 注释 unigene 的 17.99%(图 5-3);从匹配序列的物种来源看,来源于葡萄(*Vitis vinifera*)的 unigene 最多,占 Nr 注释 unigene 的 34.08%,其后依次是毛果杨(*Populus trichocarpa*)、蓖麻(*Ricinus communis*)、大豆(*Glycine max*)和苜蓿(*Medicago truncatula*),分别占 Nr 注释 unigene 的 13.59%、13.41%、7.87%和 3.11%(图 5-4)。

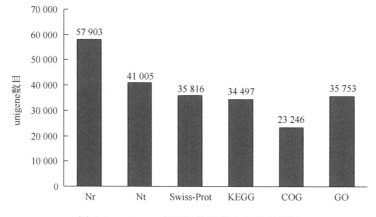

图 5-1　unigene 在不同数据库中的注释情况

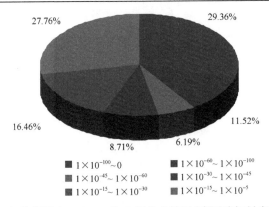

图 5-2　Nr 数据库中 unigene 的 E 值分布情况（彩图请扫封底二维码）

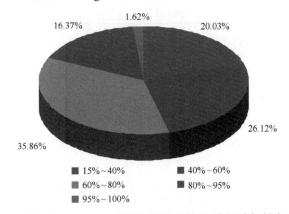

图 5-3　Nr 数据库中 unigene 的相似度分布情况（彩图请扫封底二维码）

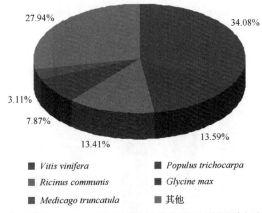

图 5-4　Nr 数据库中 unigene 匹配物种的分布情况（彩图请扫封底二维码）

　　COG 数据库是基于具有完整基因组编码蛋白和系统进化关系构建的数据库，用于基因产物的直系同源分类。本研究发现，共有 23 246 个 unigene 得到了 COG 注释，其中涉及一般功能预测（general function prediction only）的 unigene 最多，达到 8266 个，占 COG 注释 unigene 的 35.56%，其后是转录(transcription)和复制、重组和修复(replication, recombination and repair)，分别占 COG 注释 unigene 的 19.50%和 17.61%；涉及核结构(nuclear structure)的 unigene 最少，仅为 9 个，占 COG 注释 unigene 的 0.04%(图 5-5)。

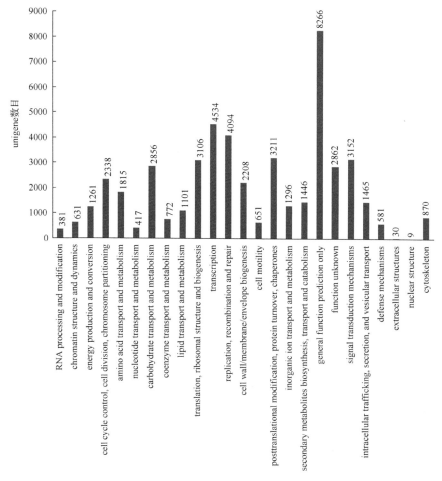

图 5-5　桦木 unigene 的 COG 分类

GO 数据库是一个基因功能分类数据库，用于描述基因及基因产物的属性。本研究发现，共有 35 753 个 unigene 得到了 GO 注释，这些 unigene 根据生物过程(biological process)、细胞组分(cellular component)和分子功能(molecular function)进行分类。在生物过程中，涉及细胞过程(cellular process)和代谢过程(metabolic process)的 unigene 较多，分别占 GO 注释 unigene 的 49.41%和 49.22%；在细胞组分中，涉及细胞(cell)、细胞部分(cell part)和细胞器(organelle)的 unigene 较多，分别占 GO 注释 unigene 的 56.15%、56.15%和 42.51%；在分子功能中，涉及结合(binding)和催化活性(catalytic activity)的 unigene 较多，分别占 GO 注释 unigene 的 55.72%和 53.52%（图 5-6）。

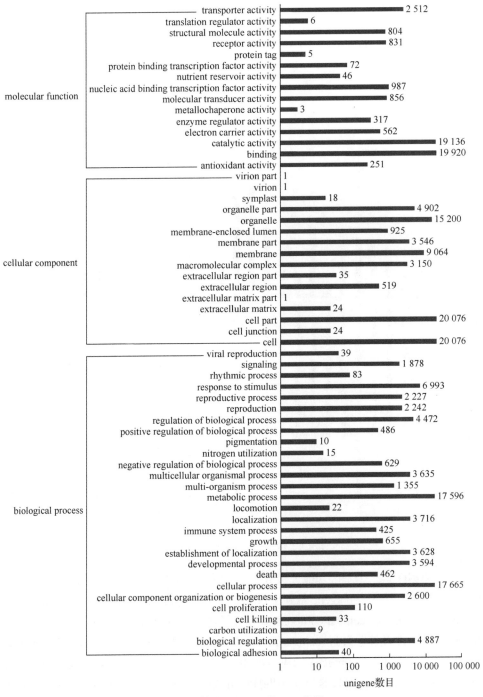

图 5-6　桦木 unigene 的 GO 分类

　　KEGG 数据库是系统分析基因产物在细胞中的代谢途径及功能的数据库，用于研究基因在生物学上的复杂行为。本研究发现，共有 34 497 个 unigene 注释到了共 129 个代谢途径，其中涉及代谢途径(metabolic pathways)的 unigene 最多，达到 7515 个，占 KEGG 注释 unigene 的 21.78%，其后是次生代谢产物的生物合成(biosynthesis of secondary metabolites)、植物与病原体相互作用(plant-pathogen interaction)和 RNA 转运(RNA transport)分别占 KEGG 注释 unigene 的 10.33%、7.24% 和 6.13%；涉及甜菜红碱生物合成(betalain biosynthesis)的 unigene 最少，仅为 1 个，占 KEGG 注释 unigene 的 0.003%(表 5-3)。

表 5-3　桦木 unigene 的代谢途径

pathway ID	代谢途径	unigene	
		数目	百分比/%
Ko01100	metabolic pathways	7515	21.78
Ko01110	biosynthesis of secondary metabolites	3562	10.33
Ko04626	plant-pathogen interaction	2498	7.24
Ko03013	RNA transport	2114	6.13
Ko04075	plant hormone signal transduction	1631	4.73
Ko03040	spliceosome	1469	4.26
Ko03008	ribosome biogenesis in eukaryotes	1299	3.77
Ko03018	RNA degradation	1234	3.58
Ko00230	purine metabolism	1213	3.52
Ko04144	endocytosis	1155	3.35
Ko00564	glycerophospholipid metabolism	1152	3.34
Ko03015	mRNA surveillance pathway	1123	3.26
Ko00240	pyrimidine metabolism	1089	3.16
Ko04141	protein processing in endoplasmic reticulum	961	2.79
Ko03020	RNA polymerase	818	2.37
Ko00565	ether lipid metabolism	816	2.37
Ko03010	ribosome	661	1.92
Ko00500	starch and sucrose metabolism	644	1.87
Ko00940	phenylpropanoid biosynthesis	603	1.75
Ko04120	ubiquitin mediated proteolysis	556	1.61
Ko02010	ABC transporters	450	1.30
Ko00190	oxidative phosphorylation	418	1.21
Ko03440	homologous recombination	414	1.20
Ko00040	pentose and glucuronate interconversions	393	1.14
Ko04145	phagosome	380	1.10
Ko00945	stilbenoid, diarylheptanoid and gingerol biosynthesis	340	0.99
Ko00941	flavonoid biosynthesis	331	0.96

续表

pathway ID	代谢途径	unigene	
		数目	百分比/%
Ko00520	amino sugar and nucleotide sugar metabolism	331	0.96
Ko04146	peroxisome	324	0.94
Ko00010	glycolysis / gluconeogenesis	322	0.93
Ko00908	zeatin biosynthesis	318	0.92
Ko04070	phosphatidylinositol signaling system	291	0.84
Ko00480	glutathione metabolism	274	0.79
Ko00903	limonene and pinene degradation	264	0.77
Ko00260	glycine, serine and threonine metabolism	258	0.75
Ko00906	carotenoid biosynthesis	258	0.75
Ko03022	basal transcription factors	255	0.74
Ko00360	phenylalanine metabolism	252	0.73
Ko00620	pyruvate metabolism	244	0.71
Ko00970	aminoacyl-tRNA biosynthesis	242	0.70
Ko03420	nucleotide excision repair	241	0.70
Ko00562	inositol phosphate metabolism	233	0.68
Ko00270	cysteine and methionine metabolism	229	0.66
Ko03410	base excision repair	219	0.63
Ko00900	terpenoid backbone biosynthesis	216	0.63
Ko00511	other glycan degradation	213	0.62
Ko03030	DNA replication	204	0.59
Ko00460	cyanoamino acid metabolism	204	0.59
Ko00280	valine, leucine and isoleucine degradation	203	0.59
Ko00330	arginine and proline metabolism	197	0.57
Ko04140	regulation of autophagy	195	0.57
Ko00640	propanoate metabolism	193	0.56
Ko04712	circadian rhythm - plant	193	0.56
Ko00561	glycerolipid metabolism	186	0.54
Ko00052	galactose metabolism	184	0.53
Ko00710	carbon fixation in photosynthetic organisms	178	0.52
Ko00053	ascorbate and aldarate metabolism	176	0.51
Ko00350	tyrosine metabolism	169	0.49
Ko00073	cutin, suberine and wax biosynthesis	167	0.48
Ko00944	flavone and flavonol biosynthesis	166	0.48
Ko00510	N-glycan biosynthesis	164	0.48
Ko00130	ubiquinone and other terpenoid-quinone biosynthesis	164	0.48
Ko00563	glycosylphosphatidylinositol (GPI) -anchor biosynthesis	161	0.47
Ko00250	alanine, aspartate and glutamate metabolism	159	0.46

pathway ID	代谢途径	unigene	
		数目	百分比/%
Ko03430	mismatch repair	156	0.45
Ko04650	natural killer cell mediated cytotoxicity	154	0.45
Ko00071	fatty acid metabolism	151	0.44
Ko00051	fructose and mannose metabolism	151	0.44
Ko00630	glyoxylate and dicarboxylate metabolism	150	0.43
Ko00030	pentose phosphate pathway	146	0.42
Ko00592	alpha-linolenic acid metabolism	139	0.40
Ko01040	biosynthesis of unsaturated fatty acids	134	0.39
Ko03050	proteasome	134	0.39
Ko00290	valine, leucine and isoleucine biosynthesis	134	0.39
Ko00860	porphyrin and chlorophyll metabolism	130	0.38
Ko00910	nitrogen metabolism	125	0.36
Ko00020	citrate cycle（TCA cycle）	124	0.36
Ko00650	butanoate metabolism	123	0.36
Ko00410	beta-alanine metabolism	121	0.35
Ko00100	steroid biosynthesis	118	0.34
Ko00600	sphingolipid metabolism	117	0.34
Ko00300	lysine biosynthesis	115	0.33
Ko00904	diterpenoid biosynthesis	115	0.33
Ko04130	SNARE interactions in vesicular transport	114	0.33
Ko03060	protein export	113	0.33
Ko00380	tryptophan metabolism	113	0.33
Ko00061	fatty acid biosynthesis	106	0.31
Ko00310	lysine degradation	104	0.30
Ko00195	photosynthesis	104	0.30
Ko00400	phenylalanine, tyrosine and tryptophan biosynthesis	101	0.29
Ko00943	isoflavonoid biosynthesis	95	0.28
Ko00062	fatty acid elongation	92	0.27
Ko00920	sulfur metabolism	90	0.26
Ko00531	glycosaminoglycan degradation	84	0.24
Ko00950	isoquinoline alkaloid biosynthesis	79	0.23
Ko00960	tropane, piperidine and pyridine alkaloid biosynthesis	79	0.23
Ko00590	arachidonic acid metabolism	79	0.23
Ko00740	riboflavin metabolism	78	0.23
Ko00770	pantothenate and CoA biosynthesis	71	0.21
Ko00905	brassinosteroid biosynthesis	69	0.20
Ko00604	glycosphingolipid biosynthesis - ganglio series	68	0.20

续表

pathway ID	代谢途径	unigene	
		数目	百分比/%
Ko03450	non-homologous end-joining	68	0.20
Ko00340	histidine metabolism	65	0.19
Ko00909	sesquiterpenoid and triterpenoid biosynthesis	65	0.19
Ko00450	selenocompound metabolism	63	0.18
Ko00402	benzoxazinoid biosynthesis	61	0.18
Ko00072	synthesis and degradation of ketone bodies	56	0.16
Ko00790	folate biosynthesis	55	0.16
Ko00591	linoleic acid metabolism	52	0.15
Ko00670	one carbon pool by folate	50	0.14
Ko04710	circadian rhythm - mammal	49	0.14
Ko00942	anthocyanin biosynthesis	47	0.14
Ko00902	monoterpenoid biosynthesis	47	0.14
Ko00514	other types of O-glycan biosynthesis	40	0.12
Ko00760	nicotinate and nicotinamide metabolism	39	0.11
Ko00603	glycosphingolipid biosynthesis-globo series	37	0.11
Ko00430	taurine and hypotaurine metabolism	36	0.10
Ko00232	caffeine metabolism	36	0.10
Ko04122	sulfur relay system	34	0.10
Ko00966	glucosinolate biosynthesis	33	0.10
Ko00196	photosynthesis - antenna proteins	28	0.08
Ko00901	indole alkaloid biosynthesis	27	0.08
Ko00750	vitamin B6 metabolism	27	0.08
Ko00730	thiamine metabolism	21	0.06
Ko00785	lipoic acid metabolism	10	0.03
Ko00660	C5-branched dibasic acid metabolism	8	0.02
Ko00780	biotin metabolism	4	0.01
Ko00472	D-arginine and D-ornithine metabolism	2	0.006
Ko00965	betalain biosynthesis	1	0.003

5.2　四倍体白桦与二倍体的差异基因

5.2.1　四倍体白桦与二倍体差异 unigene 的 GO 分析

在转录组测序、组装及注释的基础上，将四倍体白桦 B16 与二倍体白桦进行基因表达对比分析。结果发现，与二倍体相比，在四倍体 B16 中有 1166 个 unigene 上调表达，890 个 unigene 下调表达。为了研究差异 unigene 的功能，对其进行了 GO 分类，发现共有 744 个差异 unigene 得到了 GO 注释。在生物过程中，涉及代谢过程(metabolic process)、细胞过程(cellular process)和刺激响应(response to stimulus)的 unigene 较多,分别占 GO 注释 unigene 的 45.97%、41.26%和 21.24%;在细胞组分中,涉及细胞(cell)、细胞部分(cell part)、细胞器(organelle)和细胞膜(membrane)的 unigene 较多,分别占 GO 注释 unigene 的 48.92%、48.92%、35.08%和 22.98%;在分子功能中,涉及催化活性(catalytic activity)和结合(binding)的 unigene 较多,分别占 GO 注释 unigene 的 57.93%和 54.17%(图 5-7)。

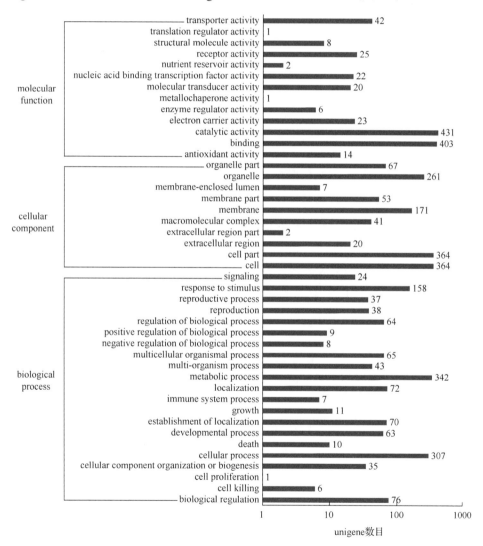

图 5-7 四倍体白桦 B16 与二倍体差异 unigene 的 GO 分类

在此基础上,对差异 unigene 进行 GO 富集,发现 B16 与二倍体在其他器官细胞凋亡(killing of cells of other organism)、细菌起源分子的细胞响应(cellular response to molecule of bacterial origin)、细胞凋亡(cell killing)、铁离子结合(iron ion binding)、蛋白丝氨酸-苏氨酸磷酸酶活性(protein serine/threonine phosphatase activity)、血红素结合(heme binding)、单加氧酶活性(monooxygenase activity)、高亲和性铜离子跨膜转运蛋白活性(high affinity copper ion transmembrane transporter activity)和四吡咯结合(tetrapyrrole binding)等方面差异显著(表 5-4)。

表 5-4　四倍体白桦 B16 与二倍体差异显著的 GO term

ontology	GO term	差异 unigene 数目	矫正后的 p 值
biological process	killing of cells of other organism	6	2.71×10^{-3}
	cellular response to molecule of bacterial origin	3	2.23×10^{-2}
	cell killing	6	3.33×10^{-2}
molecular function	iron ion binding	34	5.20×10^{-3}
	protein serine/threonine phosphatase activity	16	5.53×10^{-3}
	heme binding	24	7.22×10^{-3}
	monooxygenase activity	25	9.97×10^{-3}
	high affinity copper ion transmembrane transporter activity	3	1.07×10^{-2}
	tetrapyrrole binding	24	2.37×10^{-2}

5.2.2　四倍体白桦与二倍体差异 unigene 的 pathway 分析

为了研究差异 unigene 涉及的代谢途径,利用 KEGG 数据库对其进行 pathway 富集分析,发现共有 662 个差异 unigene 富集到了 107 个代谢途径中,其中某些途径与 GO 富集中生物过程的分析结果相一致。四倍体 B16 和二倍体在 RNA 聚合酶(RNA polymerase),嘧啶代谢(pyrimidine metabolism),植物与病原体相互作用(plant-pathogen interaction),嘌呤代谢(purine metabolism),二苯乙烯类化合物、二芳基庚酸类化合物和姜辣素的生物合成(stilbenoid, diarylheptanoid and gingerol biosynthesis),柠檬烯和蒎烯的降解(limonene and pinene degradation)和次生代谢产物生物合成(biosynthesis of secondary metabolites)等途径差异显著(表 5-5)。

表 5-5　四倍体白桦 B16 与二倍体差异显著的代谢途径

pathway ID	代谢途径	差异 unigene 数目	Q 值
Ko03020	RNA polymerase	46	1.24×10^{-8}
Ko00240	pyrimidine metabolism	51	3.23×10^{-7}
Ko04626	plant-pathogen interaction	88	9.11×10^{-7}
Ko00230	purine metabolism	49	2.69×10^{-5}
Ko00945	stilbenoid, diarylheptanoid and gingerol biosynthesis	20	2.43×10^{-4}
Ko00903	limonene and pinene degradation	15	3.59×10^{-3}
Ko01110	biosynthesis of secondary metabolites	93	2.13×10^{-2}

5.2.3　四倍体白桦与二倍体生长、生殖相关差异基因

根据表型测定和转录组测序结果，归纳出 5 类与四倍体白桦生长、生殖相关的差异基因。第一类是 RNA 聚合酶，共 2 个差异基因，涉及的蛋白质分别为 B1 和 ABC4。第二类是基础转录因子，共 4 个差异基因，涉及的蛋白质分别为 TAF1、TAF12、TFIIF1 和 MAT1。第三类是核糖体，共 7 个差异基因，涉及的蛋白质分别为 S19、S15e、L7Ae、LP0、S1、L25 和 L31e。第四类是植物激素合成及信号转导，共 34 个差异基因，涉及的蛋白质分别为醛脱氢酶(EC: 1.2.1.3)、ARF、GH3、SAUR、CYP735A、CRE1、A-ARR、赤霉素 2β-双加氧酶(EC: 1.14.11.13)、GID1、GID2、DELLA、玉米黄质环氧化酶(EC: 1.14.13.90)、9-顺式-环氧类胡萝卜素双加氧酶(EC: 1.13.11.51)、PP2C、CTR1、ERF1/2、85A2、BAK1、BRI1 和 CYCD3。第五类是糖代谢，共 11 个差异基因,涉及的蛋白质分别为几丁质酶(EC: 3.2.1.14)、己糖激酶(EC: 2.7.1.1)、磷酸甘露糖变位酶(EC: 5.4.2.8)、半乳糖醛酸转移酶(EC: 2.4.1.43)、内切葡聚糖酶(EC: 3.2.1.4)、多聚半乳糖醛酸酶(EC: 3.2.1.15)和 α-淀粉酶(EC: 3.2.1.1)(表 5-6)。

表 5-6　四倍体白桦 B16 与二倍体与生长相关的差异基因

类别	蛋白质	基因	log₂RPKM (B16/CK)	注释
RNA 聚合酶	B1	GI: 68124015	33.81	DNA-directed RNA polymerase
	ABC4	GI: 356531072	1.27	DNA-directed RNA polymerases Ⅰ, Ⅱ, and Ⅲ subunit RPABC4-like
基础转录因子	TAF1	GI:224056335	4.41	global transcription factor group
	TAF12	GI:30685174	1.23	transcription factor Pur-alpha 1
	TFIIF1	GI:357447861	−30.23	transcription initiation factor ⅡF subunit alpha
	MAT1	GI:58268698	3.65	transcription/repair factor TFⅡH subunit Tfb3
核糖体	S19	GI:15231912	2.71	RNA recognition motif-containing protein
	S15e	GI: 79316582	7.08	40S ribosomal protein S15-1
	L7Ae	GI:225451833	−2.44	60S ribosomal protein L7a
	LP0	GI: 225448367	−1.18	60S acidic ribosomal protein P0
	S1	GI:334183835	31.28	small subunit ribosomal protein S1
	L25	GI: 359480435	−5.83	50S ribosomal protein L25
	L31e	GI:357520747	4.98	60S ribosomal protein L31
植物激素合成及信号转导	EC: 1.2.1.3	GI:255558654	1.78	aldehyde dehydrogenase
	ARF	GI:255550359	1.40	auxin response factor
	GH3	GI:224060651	1.70	GH3 family protein
	SAUR	GI:224109812	1.67	SAUR family protein

表中 log₂RPKM 列标题中的下标表示对数的底数为 2。

续表

类别	蛋白质	基因	log$_2$RPKM (B16/CK)	注释
	CYP735A	GI:224124864	−2.35	cytochrome P450
	CRE1	GI:357437045	1.66	histidine kinase cytokinin receptor
	A-ARR	GI:255545370	−2.02	two-component response regulator ARR9
	EC: 1.14.11.13	GI:225434556	1.47	gibberellin 2-beta-dioxygenase 8
		GI:255555507	2.11	gibberellin receptor GID1
	GID1	GI:255573281	2.11	gibberellin receptor GID1
		GI:357475443	−2.80	gibberellin receptor GID1
		GI:195619262	−1.28	gibberellin receptor GID1L2
	GID2	GI:255538160	1.26	F-box protein GID2
	DELLA	GI:255586178	−8.66	chitin-inducible gibberellin-responsive protein
		GI:255569898	−1.30	DELLA protein SLR1
	EC: 1.14.13.90	GI:357482173	2.32	zeaxanthin epoxidase
		GI:357482171	1.60	zeaxanthin epoxidase
	EC: 1.13.11.51	GI:408384460	2.50	9-*cis*-epoxycarotenoid dioxygenase 2
	PP2C	GI:255545018	2.93	protein phosphatase 2c
		GI:255539637	1.74	protein phosphatase 2c
植物激素合成及信号转导	CTR1	GI:357122868	1.26	serine/threonine-protein kinase CTR1
	ERF1/2	GI:222427679	1.80	ethylene responsive transcription factor 1a
	85A2	GI:224058595	2.01	cytochrome P450
		GI:359485981	31.52	brassinosteroidinsensitive 1-associated receptor kinase 1
		GI:255544748	9.43	brassinosteroidinsensitive 1-associated receptor kinase 1 precursor
		GI:255588059	5.61	brassinosteroidinsensitive 1-associated receptor kinase 1 precursor
		GI:356558614	5.53	brassinosteroidinsensitive 1-associated receptor kinase 1-like isoform 1
	BAK1	GI:413920919	2.10	brassinosteroidinsensitive 1-associated receptor kinase 1
		GI:255553819	1.50	brassinosteroidinsensitive 1-associated receptor kinase 1 precursor
		GI:255542171	1.45	brassinosteroidinsensitive 1-associated receptor kinase 1 precursor
		GI:255583185	1.22	brassinosteroidinsensitive 1-associated receptor kinase 1 precursor
	BRI1	GI:255557731	32.03	brassinosteroidinsensitive 1-associated receptor kinase 1 precursor
		GI:255545000	1.66	brassinosteroidinsensitive 1-associated receptor kinase 1 precursor
	CYCD3	GI:3702411	4.02	cyclin d3

续表

类别	蛋白质	基因	log₂RPKM (B16/CK)	注释
		GI:255565049	3.21	chitinase 2
		GI:374719231	1.94	class I chitinase
	EC: 3.2.1.14	GI:296084602	1.42	chitinase 2
		GI:344190188	−1.85	class IV chitinase
		GI:374719233	−1.41	chitinase 3
糖代谢	EC: 2.7.1.1	GI:326580272	−1.33	hexokinase 1
	EC: 5.4.2.8	GI:225424281	−1.22	phosphomannomutase
	EC: 2.4.1.43	GI:356572000	2.03	galacturonosyltransferase-like 9-like
	EC: 3.2.1.4	GI:359474153	−1.69	endoglucanase 1 isoform 1
	EC: 3.2.1.15	GI:225450488	−1.55	polygalacturonase
	EC: 3.2.1.1	GI:60652317	30.56	plastid alpha-amylase

5.2.4 四倍体白桦与二倍体 *BpIAA* 基因家族的时序表达模式

IAA 是人们发现的第一个植物激素，其参与植物的整个生长发育过程，如影响植物的顶端优势、根和茎的发育及生长、向性运动、维管束组织的形成和分化等(Jain et al.，2006)。为了进一步探讨四倍体白桦的器官巨大性与生长素 IAA 及差异基因 *BpIAA* 的关系(图 5-8)，我们分析了 *BpIAA* 家族基因在四倍体白桦 B16 和二倍体白桦生长发育过程中的时空表达特性。利用 Cluster 和 Tree-view 软件将相对定量 PCR 的数据进行聚类绘制热图，结果显示，不同倍性白桦中 *BpIAA* 家族基因的表达模式显著不同：二倍体表达模式聚类分为两大类，第一类对应的家族成员随时间变化持续下调表达；而第二类对应的成员在大多数时间都显示上调表达；但是，在四倍体白桦中 20 个基因大多数时间都显示持续上调表达。对比发现，四倍体中有多达 9 个基因的表达模式与二倍体相反(*BpIAA1*～*7*、*BpIAA16*、*BpIAA19*)，持续上调表达，占总体基因数的 45%。在二倍体和四倍体中也存在两个相同特点，即 8 月 5 日几乎所有基因都下调表达，这可能与该时间点发生特定的生物事件相关，如白桦此时开始停止生长，不再有新叶展开，第一片叶增大，逐渐封顶，因此，有些 *BpIAA* 基因的时序表达特异性可能意味着它们参与特定的植物组织的生长发育进程；另一个相同点在于，有两个基因(*BpIAA10* 和 *BpIAA12*)不论在二倍体还是四倍体始终保持非常高的表达量，可能这两个基因对于林木的正常发育来说，起着十分关键的作用。

总而言之，四倍体白桦 B16 中多达 9 个 *BpIAA* 的基因表达模式相对于二倍体发生改变，具有倍性表达特异性，这些 *BpIAA* 基因可能参与调节许多正在生长组织的细胞的增大(Wang et al.，2013；Su et al.，2014)，白桦基因组的加倍引起 *BpIAA* 家族基因表达的变化。

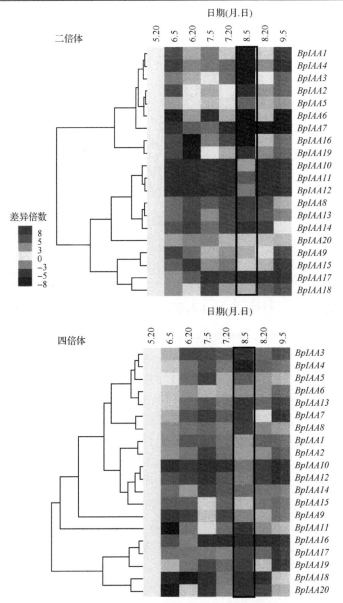

图 5-8　四倍体白桦 B16 和二倍体 *BpIAA* 基因表达（彩图请扫封底二维码）

5.3　不同四倍体白桦的差异基因

5.3.1　不同四倍体白桦差异 unigene 的 GO 分析

在转录组测序、组装、注释及表达量计算的基础上，发现不同四倍体间共有 3497 个 unigene 差异表达。为了研究差异 unigene 的功能，对其进行了 GO 分类，发现共有 1271 个差异 unigene 得到了 GO 注释。在生物过程中，涉及代谢过程（metabolic process）、细胞过程（cellular process）和刺激响应（response to stimulus）的 unigene 较多，分别占 GO 注释 unigene 的 47.60%、42.72%和 20.77%；在细胞组分中，涉及细胞（cell）、细胞部分（cell part）、细胞器（organelle）和细胞膜（membrane）的 unigene 较多，分别占 GO 注释 unigene 的 48.86%、48.86%、36.43%和 21.95%；在分子功能中，涉及催化活性（catalytic activity）和结合（binding）的 unigene 较多，分别占 GO 注释 unigene 的 57.44%和 52.40%（图 5-9）。

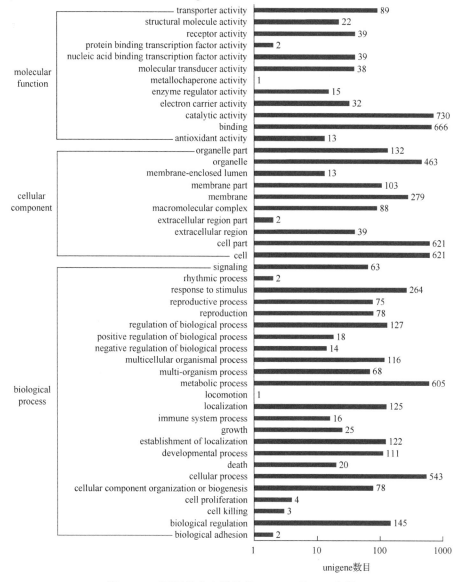

图 5-9　不同四倍体白桦差异 unigene 的 GO 分类

在此基础上，对差异 unigene 进行 GO 富集，发现不同四倍体在细胞外区域（extracellular region）、离质体（apoplast）、柠檬苦素类化合物葡萄糖基转移酶活性（limonoid glucosyltransferase activity）、吲哚-3-乙酸 β-葡糖基转移酶活性（indole-3-acetate beta-glucosyltransferase activity）、转移酶活性（transferase activity）、激酶活性（kinase activity）、蛋白激酶活性（protein kinase activity）、醇基为受体的磷酸转移酶活性（phosphotransferase activity, alcohol group as acceptor）、铁离子结合（iron ion binding）和 UDP 葡糖基转移酶活性（UDP-glucosyltransferase activity）等方面差异显著（表 5-7）。

表 5-7　不同四倍体白桦差异显著的 GO term

ontology	GO term	差异 unigene 数目	矫正后的 p 值
cellular component	extracellular region	39	1.00×10^{-4}
	apoplast	25	3.99×10^{-2}
molecular function	limonoid glucosyltransferase activity	7	9.34×10^{-6}
	indole-3-acetate beta-glucosyltransferase activity	9	2.09×10^{-5}
	transferase activity	335	1.52×10^{-3}
	kinase activity	196	4.85×10^{-3}
	protein kinase activity	159	8.70×10^{-3}
	phosphotransferase activity, alcohol group as acceptor	170	1.64×10^{-2}
	iron ion binding	48	3.10×10^{-2}
	UDP-glucosyltransferase activity	27	4.52×10^{-2}

5.3.2　不同四倍体白桦差异 unigene 的 pathway 分析

利用 KEGG 数据库对差异 unigene 进行 pathway 富集分析，发现共有 1083 个差异 unigene 富集到了 119 个代谢途径中，其中某些途径与 GO 富集中生物过程的分析结果相一致。不同的四倍体在次生代谢产物生物合成（biosynthesis of secondary metabolites），植物与病原体相互作用（plant-pathogen interaction），二苯乙烯类化合物、二芳基庚酸类化合物和姜辣素的生物合成（stilbenoid, diarylheptanoid and gingerol biosynthesis），苯丙素生物合成（phenylpropanoid biosynthesis），倍半萜类化合物和三萜类化合物生物合成（sesquiterpenoid and triterpenoid biosynthesis），二萜类化合物生物合成（diterpenoid biosynthesis），类黄酮生物合成（flavonoid biosynthesis），代谢途径（metabolic pathways），柠檬烯和蒎烯的降解（limonene and pinene degradation），黄酮和黄酮醇生物合成（flavone and flavonol biosynthesis），异黄酮生物合成（isoflavonoid biosynthesis）和硫代葡萄糖酸盐生物合成（glucosinolate biosynthesis）等途径差异显著（表 5-8）。

表 5-8　不同四倍体白桦差异显著的代谢途径

pathway ID	代谢途径	差异 unigene 数目	Q 值
Ko01110	biosynthesis of secondary metabolites	174	$2.62×10^{-7}$
Ko04626	plant-pathogen interaction	125	$9.27×10^{-6}$
Ko00945	stilbenoid, diarylheptanoid and gingerol biosynthesis	29	$4.81×10^{-5}$
Ko00940	phenylpropanoid biosynthesis	42	$4.81×10^{-5}$
Ko00909	sesquiterpenoid and triterpenoid biosynthesis	9	$4.50×10^{-3}$
Ko00904	diterpenoid biosynthesis	12	$5.43×10^{-3}$
Ko00941	flavonoid biosynthesis	23	$6.14×10^{-3}$
Ko01100	metabolic pathways	280	$9.41×10^{-3}$
Ko00903	limonene and pinene degradation	19	$9.41×10^{-3}$
Ko00944	flavone and flavonol biosynthesis	14	$9.41×10^{-3}$
Ko00943	isoflavonoid biosynthesis	9	$3.27×10^{-2}$
Ko00966	glucosinolate biosynthesis	5	$3.42×10^{-2}$

5.3.3　不同四倍体白桦生长、生殖相关差异基因

根据表型测定和转录组测序结果，归纳出 6 类与四倍体白桦生长、生殖相关的差异基因。第一类是 RNA 聚合酶，共 4 个差异基因，涉及的蛋白质分别为 B1、ABC4 和 C34。第二类是基础转录因子，共 3 个差异基因，涉及的蛋白质分别为 TAF12、TFIIF1 和 MAT1。第三类是核糖体，共 11 个差异基因，涉及的蛋白质分别为 S19、L7Ae、LP1/2 LP0、S1、L25、L15e、L21e、L24e、L31e 和 S27Ae。第四类是植物激素合成及信号转导，共 38 个差异基因，涉及的蛋白质分别为醛脱氢酶(EC: 1.2.1.3)、AUX/IAA、ARF、GH3、CYP735A、A-ARR、赤霉素 2β-双加氧酶(EC: 1.14.11.13)、GID1、GID2、DELLA、玉米黄质环氧化酶(EC: 1.14.13.90)、9-顺式-环氧类胡萝卜素双加氧酶(EC: 1.13.11.51)、PP2C、SnRK2、1-氨基环丙烷基羧酸氧化酶(EC: 1.14.17.4)、EBF1/2、85A2、BAK1、BRI1 和 CYCD3。第五类是糖代谢，共 25 个差异基因，涉及的蛋白质分别为几丁质酶(EC: 3.2.1.14)、UDP-N-乙酰葡糖胺焦磷酸化酶(EC: 2.7.7.23)、己糖激酶(EC: 2.7.1.1)、果糖激酶(EC: 2.7.1.4)、AXS、半乳糖醛酸转移酶(EC: 2.4.1.43)、α-葡糖苷酶(EC: 3.2.1.20)、β-葡糖苷酶(EC: 3.2.1.21)、内切葡聚糖酶(EC: 3.2.1.4)、蔗糖合酶(EC: 2.4.1.13)、果胶酯酶(EC: 3.1.1.11)、多聚半乳糖醛酸酶(EC: 3.2.1.15)和磷酸己糖激酶(EC: 2.7.1.11)。第六类是昼夜节律，共 4 个差异基因，涉及的蛋白质分别为 LHY 和 CCA1(表 5-9)。

表 5-9　不同四倍体白桦生长、生殖相关差异基因

类别	蛋白质	基因	log$_2$RPKM（B1/B16）	注释
RNA 聚合酶	B1	GI:68124015	−8.98	DNA-directed RNA polymerase
		GI:388580196	−8.55	beta and beta-prime subunits of DNA dependent RNA-polymerase
	ABC4	GI:356531072	9.57	DNA-directed RNA polymerases Ⅰ, Ⅱ, and Ⅲ subunit RPABC4-like
	C34	GI:255536881	1.13	DNA-directed RNA polymerase Ⅲ subunit F
基础转录因子	TAF12	GI:30685174	−1.56	transcription factor Pur-alpha 1
	TFIIF1	GI:357447861	30.00	transcription initiation factor ⅡF subunit alpha
	MAT1	GI:58268698	−2.30	transcription/repair factor TFⅡH subunit Tfb3
核糖体	S19	GI:15231912	−1.17	RNA recognition motif-containing protein
	L7Ae	GI:225451833	3.06	60S ribosomal protein L7a
	LP1/2	GI:76160941	1.25	60s acidic ribosomal protein-like protein
	LP0	GI:225448367	−2.70	60S acidic ribosomal protein P0
	S1	GI:334183835	−31.30	small subunit ribosomal protein S1
	L25	GI:359480435	6.09	50S ribosomal protein L25
	L15e	GI:449458361	1.71	60S ribosomal protein L15-like isoform 1
	L21e	GI:225425340	1.09	60S ribosomal protein L21-1
	L24e	GI:225436335	−1.10	ribosome biogenesis protein RLP24
	L31e	GI:357520747	−6.19	60S ribosomal protein L31
	S27Ae	GI:225462644	−1.81	ubiquitin-40S ribosomal protein S27a isoform 1
植物激素合成及信号转导	EC: 1.2.1.3	GI:356497822	−1.69	aldehyde dehydrogenase family 2 member B7
	AUX/IAA	GI:359472661	1.71	auxin-responsive protein IAA34-like
	ARF	GI:359386136	−30.53	auxin-response factor
		GI:307136001	−30.36	auxin response factor-like protein
		GI:255550359	−1.71	auxin response factor
		GI:225443952	−1.20	auxin response factor 6-like
	GH3	GI:224060651	−1.93	GH3 family protein
	CYP735A	GI:224124864	2.72	cytochrome P450
	A-ARR	GI:357515051	2.56	two-component response regulator ARR8
		GI:224144996	1.47	type-a response regulator
		GI:356515915	1.33	two-component response regulator ARR9-like
	EC: 1.14.11.13	GI:225434556	−1.51	gibberellin 2-beta-dioxygenase 8
		GI:327359295	−1.32	gibberellin 2-beta-dioxygenase
	GID1	GI:255555431	4.37	gibberellin receptor GID1
		GI:357475443	2.86	gibberellin receptor GID1

类别	蛋白质	基因	log$_2$RPKM（B1/B16）	注释
植物激素合成及信号转导		GI:255555507	−2.11	gibberellin receptor GID1
	GID2	GI:255538160	−8.99	F-box protein GID2
		GI:255586178	8.48	chitin-inducible gibberellin-responsive protein
	DELLA	GI:356514974	−2.34	chitin-inducible gibberellin-responsive protein 1-like
		GI:357122223	−1.21	chitin-inducible gibberellin-responsive protein 2-like
	EC: 1.14.13.90	GI:357482173	−1.48	zeaxanthin epoxidase
		GI:357482171	−1.19	zeaxanthin epoxidase
	EC: 1.13.11.51	GI:408384460	−1.34	9-*cis*-epoxycarotenoid dioxygenase 2
	PP2C	GI:255545018	−3.07	protein phosphatase 2c
		GI:255539637	−1.22	protein phosphatase 2c
	SnRK2	GI:356525451	−1.25	serine/threonine-protein kinase SAPK2-like isoform 1
	EC: 1.14.17.4	GI:359484312	1.44	1-aminocyclopropane-1-carboxylate oxidase 1
		GI:225433035	−31.11	1-aminocyclopropane-1-carboxylate oxidase homolog 1-like
	EBF1/2	GI:225463572	−1.66	F-box/LRR-repeat protein 14
		GI:356505803	−1.31	F-box/LRR-repeat protein 3-like
	85A2	GI:224058595	2.54	cytochrome P450
	BAK1	GI:255544748	1.59	brassinosteroidinsensittve 1-associated receptor kinase 1 precursor
		GI:255545000	1.52	brassinosteroidinsensittve 1-associated receptor kinase 1 precursor
		GI:255542171	−7.61	brassinosteroidinsensittve 1-associated receptor kinase 1 precursor
		GI:255583185	−5.93	brassinosteroidinsensittve 1-associated receptor kinase 1 precursor
	BRI1	GI:11320838	5.70	brassinosteroid receptor
		GI:255557731	−32.05	brassinosteroidinsensittve 1-associated receptor kinase 1 precursor
	CYCD3	GI:225428885	−2.23	cyclin-D3-2-like
糖代谢	EC: 3.2.1.14	GI:374719233	6.85	chitinase 3
		GI:344190188	1.51	class IV chitinase
		GI:388458933	1.04	acidic class III chitinase
		GI:312191345	−2.98	class I chitinase
		GI:296084602	−2.41	chitinase 2
		GI:225431904	−1.19	chitinase-like protein 2
		GI:374719231	−1.11	chitinase 2
	EC: 2.7.7.23	GI:320162784	30.85	UDP-*N*-acetylhexosamine pyrophosphorylase-like protein 1

类别	蛋白质	基因	log₂RPKM（B1/B16）	注释
	EC: 2.7.1.1	GI:326580272	1.48	hexokinase 1
	EC: 2.7.1.4	GI:408362891	−1.09	fructokinase
	AXS	GI:15231432	−1.40	UDP-XYL synthase 5
	EC: 2.4.1.43	GI:449459576	1.53	galacturonosyltransferase 7-like
	EC: 3.2.1.20	GI:255587355	−1.12	alpha-glucosidase
		GI:255559233	1.02	beta-glucosidase
	EC: 3.2.1.21	GI:225437358	−1.36	beta-glucosidase 11-like isoform 1
		GI:255548487	−1.05	beta-glucosidase
糖代谢		GI:449464806	7.11	endoglucanase 8-like
	EC: 3.2.1.4	GI:359474153	2.46	endoglucanase 1 isoform 1
		GI:15223222	−1.04	endoglucanase 8
	EC: 2.4.1.13	GI:6683114	1.18	sucrose synthase
		GI:1213629	1.82	pectinesterase
	EC: 3.1.1.11	GI:359474375	1.38	pectinesterase 68-like
		GI:255542798	−1.05	pectinesterase PPE8B precursor
	EC: 3.2.1.15	GI:225450488	1.39	polygalacturonase
	EC: 2.7.1.11	GI:255568098	−1.18	phosphofructokinase
昼夜节律	LHY	GI:51980218	−1.27	late elongated hypocotyl
		GI:328835776	−1.24	late elongated hypocotyl homolog
	CCA1	GI:357512659	−1.27	circadian clock-associated protein 1a
		GI:34499877	−1.24	circadian clock associated 1

　　转录组数据表明，与二倍体相比，四倍体白桦有 1166 个 unigene 上调表达，890 个 unigene 下调表达。白桦四倍体与二倍体及不同白桦四倍体在 RNA 聚合酶、基础转录因子、核糖体、植物激素合成及信号转导、糖代谢及昼夜节律方面发生了明显变化。转录因子、RNA 聚合酶和核糖体是基因从转录到翻译必需的原件，它们的改变必将引起植物生长、发育和生殖的变化。植物激素是指一类小分子化合物，它们在极低的浓度下便可以显著影响植物的生长发育，涉及植物激素基因表达的变化，必将引起植物生长和生殖的改变。糖类作为植物体内最为重要的能源物质，其代谢途径的改变会对植物的生长带来重大变化。因此，初步认为四倍体白桦在生长和生殖上的改变与其在 RNA 聚合酶、基础转录因子、核糖体、植物激素合成及信号转导、糖代谢及昼夜节律方面的变化有关。

　　大量研究表明，植物染色体加倍后能够明显提高其抗逆性。日本黑松（*Pinus thunbergii*）三倍体与二倍体相比具有较高的超氧化物歧化酶（SOD）含量，能显著阻止脂类过氧化物的形成，防止氧化伤害（Niwa and Sasaki，2003）。欧洲白桦与毛桦(*B. pubescens*)的杂种三倍体对桦木栅锈菌(*Melampsoridium betulinum*)表现出较强的抗性(Eifler，1960)。美洲白桦五倍体的饱和渗透压比二倍体低 7.33%，说明美洲白桦五倍体与二倍体相比具有较强的抗旱性(Li et al.，1996)。本研究通过转录组测序发现四倍体白桦在刺激响应(response to stimulus)、胁迫响应(response to stress)、植物与病原体相互作用(plant-pathogen interaction)的基因表达与二倍体存在显著差异，这些基因表达的差异暗示四倍体白桦的抗逆性可能强于二倍体白桦。因此，四倍体白桦抗逆性研究将是我们的后续工作。

　　植物染色体加倍后，原有的转录调控网络被打破，形成了一套新的调控网络。植物多倍体最终的表型及生理特征便是新调控网络作用的结果(Adams and Wendel，2005；Adams，2007)。然而，精确构建基因转录调控网络需要全面丰富的转录组数据(Nie et al.，2011)。因此，我们还要开展四倍体白桦在不同发育时期及不同组织器官的转录组测序，构建四倍体白桦的基因转录调控网络，深入探讨植物多倍体变异的分子机理。

6 四倍体白桦组培微繁技术研究

前期的研究表明，四倍体白桦虽然可以通过秋水仙素诱导获得，但其诱导率仅在10%以下，难以用于大规模生产(刘福妹等，2013)。若要获得大量优良四倍体白桦，只有通过无性扩繁的方式。由于白桦扦插生根较难，组培微繁技术便成为四倍体白桦扩大繁殖的有效途径(杨光等，2011)。开展四倍体白桦组培微繁技术研究，可获得大量四倍体白桦优良无性系，为营建三倍体白桦种子园提供材料，将填补我国三倍体白桦良种生产基地建设的空白。

6.1 四倍体白桦初代培养及愈伤组织的诱导

分别将 10 株四倍体白桦(B1～B10)的腋芽接种于初始培养基上[木本植物培养基(WPM)+1.0mg/L 6-苄基腺嘌呤(6-BA)]，结果发现，接种的第 2 天有些腋芽就开始发生褐变，但来自不同四倍体的腋芽褐变时间不尽相同，B5 和 B10 的腋芽褐变时间最长，持续 7d，由于褐变产物的影响，导致腋芽的死亡，因此二者的成活率仅为 33.33%；而 B4 腋芽的褐变时间只持续 3d，3d 后腋芽褐变消失，因此，腋芽成活率达到了 100%；其他四倍体白桦腋芽褐变时间持续 4～5d，成活率在 60%～90%的株系为 B1、B2、B3、B8、B9(表 6-1)。

表 6-1 不同四倍体白桦腋芽成活率及增殖系数比较

株系	接种腋芽数	增殖系数	成活率/%	愈伤组织平均直径/cm
B1	26	1.25	76.92	1.2
B2	12	1.43	83.33	1
B3	13	1.29	76.92	1
B4	11	1.67	100	0.8
B5	12	1.25	33.33	0.5
B6	14	1	57.14	0.5
B7	20	1.13	45	0.8
B8	13	1.17	69.23	1
B9	16	1.5	75	0.8
B10	24	1	33.33	0.8

接种 15d 后可见成活的腋芽逐渐膨大，随着培养时间的延长腋芽陆续展叶，20d 后在腋芽基部有愈伤组织形成，同时也不断长出不定芽(图 6-1)。接种 30d 后对每个腋芽产生的不定芽及基部愈伤大小进行调查，并求算腋芽的增殖系数，结果显示，

不同四倍体白桦的腋芽增殖系数不同，最高的 B4 为 1.67，次之的为 B1、B2、B3、B5、B9，其增殖系数在 1.2～1.5。腋芽增殖系数最低的 B6、B10 为 1（表 6-1）。

图 6-1　培养 20d 后展叶的腋芽（彩图请扫封底二维码）

对不同四倍体白桦的愈伤组织平均直径进行调查，结果显示，B1 的愈伤组织长势最好，愈伤组织平均直径为 1.2cm，而 B2、B3、B4、B7、B8、B9、B10 次之，愈伤组织平均直径为 0.8～1cm，愈伤组织长势最差的为 B5 和 B6，愈伤组织块最小，平均直径仅为 0.5cm（表 6-1）。

6.2　不同四倍体白桦愈伤组织分化不定芽比较

四倍体白桦腋芽经过初代培养获得了大量的愈伤组织，将获得的愈伤组织采用以往建立的二倍体白桦愈伤组织分化的植物生长调节剂配比几乎不能分化，故此，又以四倍体 B11 的腋芽基部形成愈伤组织为试材，采用 3 因素 5 水平正交试验设计（表 6-2），进一步筛选四倍体愈伤组织分化不定芽的最适生长调节剂配比。

表 6-2　愈伤组织分化不定芽的正交试验 L25（5^6）因素水平

试验水平	试验因素/(mg/L)		
	6-BA	萘乙酸(NAA)	赤霉素(GA$_3$)
1	0.1	0	0.1
2	0.2	0.05	0.15
3	0.3	0.1	0.2
4	0.8	0.15	0.3
5	1.0	0.2	0.5

培养 30d 后统计发现，在 25 个处理中，有 7 个处理能够使愈伤组织分化，即处理 2、6、7、15、16、19、21 上的愈伤组织均能够分化出簇生不定芽，其他处

理均无分化的不定芽。从产生不定芽的时间上看，处理 6 分化出不定芽时间最早，在 12d 时就见不定芽的形成；而处理 7、15、19 次之，在第 15d 时见不定芽的形成；较慢的是处理 16 和 21，在第 18d 可见分化；处理 2 分化出的不定芽最慢，在接种的第 25d 才见不定芽长出，并且数量较少。从愈伤组织分化率方面比较，处理 21 分化率最高，为 38.89%；次之的是处理 19，愈伤组织分化率为 33.33%；愈伤组织分化率在 20%~30% 的有处理 7、15、16；而在 7 个处理中，愈伤组织分化率最差的是处理 2，分化率仅为 11%。从不定芽增殖系数方面比较，发现分化的 7 个处理中不定芽增殖系数最高的为处理 21，其增殖系数为 22；其次为处理 7，增殖系数为 20；增殖系数在 15~19 的有处理 15、16、19；而 7 个处理中增殖系数最低的是处理 2，其增殖系数为 10。通过以上比较发现，25 个处理中，只有 7 个处理能够使愈伤组织分化不定芽，而在发生愈伤组织分化的 7 个处理中，愈伤组织分化不定芽的时间及增殖系数也不尽相同(表 6-3)。

表 6-3　不同植物生长调节剂对四倍体白桦愈伤组织分化及增殖系数的影响

| 处理 | 植物生长调节剂/(mg/L) | | | 分化的外植体 | 愈伤组织分化率/% | 愈伤组织形成不定芽数 | 增殖系数 |
	6-BA	NAA	GA$_3$				
1	0.1	0	0.1	—	—	—	—
2	0.1	0.05	0.15	2	11.11	20	10
3	0.1	0.1	0.2	—	—	—	—
4	0.1	0.15	0.3	—	—	—	—
5	0.1	0.2	0.5	—	—	—	—
6	0.2	0	0.15	3	16.67	36	12
7	0.2	0.05	0.2	5	27.78	100	20
8	0.2	0.1	0.3	—	—	—	—
9	0.2	0.15	0.5	—	—	—	—
10	0.2	0.2	0.1	—	—	—	—
11	0.3	0	0.2	—	—	—	—
12	0.3	0.05	0.3	—	—	—	—
13	0.3	0.1	0.5	—	—	—	—
14	0.3	0.15	0.1	—	—	—	—
15	0.3	0.2	0.15	4	22.22	72	18
16	0.8	0	0.3	4	22.22	60	15
17	0.8	0.05	0.5	—	—	—	—
18	0.8	0.1	0.1	—	—	—	—
19	0.8	0.15	0.15	6	33.33	114	19
20	0.8	0.2	0.2	—	—	—	—
21	1.0	0	0.5	7	38.89	154	22
22	1.0	0.05	0.1	—	—	—	—
23	1.0	0.1	0.15	—	—	—	—
24	1.0	0.15	0.2	—	—	—	—
25	1.0	0.2	0.3	—	—	—	—

进而对 6-BA(A)、NAA(B)和 GA$_3$(C)的 5 个水平、25 个处理结果进行极差 (R)分析可知，6-BA、NAA 和 GA$_3$等 3 种植物生长调节剂对四倍体白桦愈伤组织 分化及不定芽增殖的影响程度均为 C>B>A，即 GA$_3$对愈伤组织分化及不定芽增 殖系数影响最大，其愈伤组织分化率、不定芽增殖系数的极差分别为 16.64、11.8，NAA 影响次之，而 6-BA 对愈伤组织分化率及不定芽增殖系数影响最小，极差分 别为 8.91、4.8(表 6-4、表 6-5)。

表 6-4　不同植物生长调节剂对四倍体白桦愈伤组织分化率的极差分析

水平	因素/(mg/L)		
	6-BA A	NAA B	GA$_3$ C
X1(平均值)	2.2	15.66	0
X2(平均值)	8.89	7.76	16.64
X3(平均值)	4.44	0	5.56
X4(平均值)	11.11	6.66	4.44
X5(平均值)	7.78	4.44	7.78
极差 R	8.91	15.56	16.64
主次顺序	C>B>A		
优化水平	A4	B1	C2
优化组合	A4B1C2		

注：A、B、C 表示 3 个因子。X1～X5 表示 5 个水平的试验结果平均值，反映同一因子各水平的作用大小；R 为极差，指平均值最高与最低值之差，反映因子的重要性，极差越大越重要

表 6-5　不同植物生长调节剂对四倍体白桦愈伤增殖系数的极差分析

水平	因素/(mg/L)		
	6-BA A	NAA B	GA$_3$ C
X1(平均值)	2	9.8	0
X2(平均值)	4.4	6	11.8
X3(平均值)	3.4	0	4
X4(平均值)	6.8	3.8	3
X5(平均值)	4.4	3.6	4.4
极差 R	4.8	9.8	11.8
主次顺序	C>B>A		
优化水平	A4	B1	C2
优化组合	A4 B1 C2		

　　由表 6-4 可知，6-BA、NAA 和 GA$_3$ 对愈伤组织分化率影响的 X 值不尽相同，从 A 因素的 XA1、XA2、XA3、XA4、XA5 值中可以确定 A4 为 A 因素的优化水平，据此，确定 B1 为 B 因素的优化水平，C2 为 C 因素的优化水平，据此，本试验的最优化水平组合为 A4B1C2。同样，由表 6-5 可知，愈伤组织分化不定芽增殖系数的最优化水平组合也为 A4B1C2，即四倍体白桦愈伤组织分化及不定芽增殖的最优生长调节剂配比为 0.8mg/L 6-BA+0.15 mg/L GA$_3$。

　　对确定的四倍体白桦愈伤组织分化的最优植物生长调节剂组合，以 10 株四倍体白桦母树腋芽产生的愈伤组织为试材进行不定芽分化验证，即接种于 WPM+0.8mg/L 6-BA+0.15mg/L GA$_3$ 培养基中培养，28d 后调查其愈伤组织分化率及不定芽增殖系数。

　　从愈伤组织分化率可见，B3和B10的愈伤组织在该培养条件下不分化，在培养过程中，愈伤组织逐渐变黄。其他8株四倍体白桦的愈伤组织均可分化不定芽，其中B4愈伤组织分化率最高，为36%；其次是B5，愈伤组织分化率为25%；B7、B9的愈伤组织分化率均为6.67%；而B1、B2、B6、B8四倍体白桦的愈伤组织分化率较低，均小于5%。在不定芽增殖系数方面，最高的也是B4，为15.11；其次为B9，其增殖系数为14.67；增殖系数在10～14的株系有B5、B6、B7，分别为10、11、13.67；在10个株系中，B2的腋芽增殖系数最低，仅为7。对上述分析可以看出，有些个体WPM+0.8mg/L 6-BA+0.15mg/L GA$_3$组合的四倍体白桦愈伤组织分化率并不高，其中B3、B10没有分化，故此，有必要进一步探讨其他植物生长调节剂对四倍体白桦愈伤组织分化的影响，建立高效愈伤组织分化体系(表6-6)。

表 6-6　不同四倍体白桦愈伤组织分化率及增殖系数比较

株系	愈伤组织总数	分化愈伤组织数目	分化率/%	产生的不定芽数	增殖系数
B1	70	2	2.86	15	7.5
B2	66	1	1.52	7	7
B3	17	—	—	—	—
B4	25	9	36	136	15.11
B5	12	3	25	30	10
B6	72	3	4.17	33	11
B7	45	3	6.67	41	13.67
B8	84	4	4.76	35	8.75
B9	90	6	6.67	88	14.67
B10	36	—	—	—	—

6.3 四倍体白桦叶片再生体系的建立

为了建立四倍体白桦快繁体系，以 B11 四倍体叶片为外植体，对四倍体白桦叶片再生过程中愈伤诱导率进行统计。通过 3 因素 3 水平的正交试验观察，发现各处理的 B11 叶片均不形成愈伤组织，并且在培养到 20d 后叶片变黄死亡。说明这些植物激素处理对叶片形成愈伤组织不产生作用。

进而又开展 3 因素 5 水平的正交试验(表 6-7)，将叶片分别置于 25 个处理中，培养 30d 后统计叶片愈伤诱导率(表 6-8)，叶片愈伤诱导率最高的是处理 18，为 100%；处理 3、8、14 次之，其愈伤诱导率均为 93%；处理 2、5、9、11、13、16、17 的愈伤诱导率在 70%~90%；处理 25 其愈伤诱导率最低，为 27%。

表 6-7　诱导叶片再生正交试验 L25(5^6) 的因素水平

水平	因素/(mg/L)		
	噻苯隆(TDZ) A	NAA B	GA_3 C
1	0.5	0	0
2	1	0.02	0.05
3	2	0.08	0.5
4	3	1.4	1
5	4	2.0	1.5

表 6-8　不同植物生长调节剂对叶片愈伤诱导率的影响

处理	植物生长调节剂/(mg/L)			愈伤诱导率/%
	TDZ	NAA	GA_3	
1	0.5	0	0	67
2	0.5	0.02	0.05	87
3	0.5	0.08	0.5	93
4	0.5	1.4	1	67
5	0.5	2.0	1.5	73
6	1	0	0.05	60
7	1	0.02	0.5	67
8	1	0.08	1	93
9	1	1.4	1.5	73
10	1	2.0	0	53
11	2	0	0.5	87
12	2	0.02	1	67

处理	植物生长调节剂/(mg/L)			愈伤诱导率/%
	TDZ	NAA	GA$_3$	
13	2	0.08	1.5	73
14	2	1.4	0	93
15	2	2.0	0.05	47
16	3	0	1	80
17	3	0.02	1.5	87
18	3	0.08	0	100
19	3	1.4	0.05	67
20	3	2.0	0.5	53
21	4	0	1.5	67
22	4	0.02	0	67
23	4	0.08	0.05	67
24	4	1.4	0.5	53
25	4	2.0	1	27

对3因素TDZ、NAA、GA$_3$的5个水平、25个组合试验结果进行极差(R)分析,结果发现,影响叶片出愈率的主次为RB>RA>RC,即NAA>TDZ>GA$_3$。根据TDZ、NAA、GA$_3$等3种因素的X值可知,本试验的最优化水平组合为A1B3C1(表6-9),即TDZ浓度的优化水平为A1,NAA浓度的优化水平为B3,GA$_3$浓度的优化水平为C1,因此,初步确定0.5mg/L TDZ+0.08mg/L NAA是四倍体白桦叶片愈伤诱导的适宜植物生长调节剂组合。

表 6-9　不同植物生长调节剂处理下叶片出愈率的极差分析

水平	植物生长调节剂/(mg/L)		
	TDZ A	NAA B	GA$_3$ C
$X1$(平均值)	77.3	72	76
$X2$(平均值)	69.3	74.7	65.3
$X3$(平均值)	73.3	85.3	70.7
$X4$(平均值)	77	70.7	66.7
$X5$(平均值)	56	50.7	74.7
极差 R	21.3	34.6	10.7
主次顺序		B>A>C	
优化水平	A1	B3	C1
优化组合		A1B3C1	

　　进而对不同浓度的 TDZ、NAA、GA$_3$ 诱导下四倍体叶片出愈率进行差异显著性分析(表 6-10),结果显示,只有 NAA 的浓度变化对叶片形成愈伤影响程度达到了显著水平,0.08mg/L NAA 叶片愈伤诱导率显著高于其他浓度处理(表 6-11)。

表 6-10　不同浓度植物生长调节剂对叶片愈伤诱导率影响的方差分析

方差来源	平方和	自由度	均方	F
TDZ	0.826	4	0.206	2.382
NAA	1.776	4	0.444	6.075**
GA$_3$	0.351	4	0.088	0.939
误差	1.755	74	0.028	

表 6-11　不同浓度植物生长调节剂下叶片愈伤出愈率

处理	TDZ/(mg/L)	出愈率	NAA/(mg/L)	出愈率	GA$_3$/(mg/L)	出愈率
1	0.5	0.77±0.18a	0	0.72±0.18b	0	0.76±0.22a
2	1	0.7±0.19ab	0.02	0.75±0.16b	0.05	0.65±0.18a
3	2	0.73±0.22a	0.08	0.85±0.18a	0.5	0.71±0.19a
4	3	0.77±0.18a	1.4	0.71±0.17b	1	0.67±0.26a
5	4	0.56±0.22b	2	0.51±0.23c	1.5	0.74±0.21a

　　研究发现,通过上述植物生长调节剂配比诱导获得的愈伤组织,只是不断增长,不能分化不定芽。因此,将 B11 获得的愈伤组织接种在 1.0mg/L 6-BA+0.15mg/L GA$_3$ 的培养基中,继续培养 20d 后调查其分化情况,结果显示,愈伤组织平均增殖系数为 5.88,但是愈伤组织平均分化率较低,仅为 16.67%。由于采用叶片诱导愈伤组织再分化不定芽需要较长时间,不能缩短四倍体白桦叶片再生的周期,因此需进一步筛选四倍体白桦叶片快繁最适合的植物生长调节剂组合。

　　以四倍体白桦叶片为材料,植物生长调节剂分别为 6-BA、GA$_3$,其中 6-BA 的浓度为 0.8mg/L,GA$_3$ 的浓度分别为 0.15mg/L、0.3mg/L 及 0.5mg/L,培养 20d 后调查叶片增殖系数,随后再将获得的继代苗接种在 WPM+1.0mg/L 6-BA 进行二次继代,调查其增殖系数(图 6-2)。发现增殖系数最高的是处理 1,其增殖系数为 7.89,据此确定叶片增殖效果最好的植物生长调节剂为 0.8mg/L 6-BA+0.15mg/L GA$_3$(表 6-12)。随后将获得的不定芽转接到 WPM+1.0mg/L 6-BA 的培养基进行二次继代。20d 后调查继代苗数量,同时计算增殖系数。发现增殖系数最好的仍为处理 1,其增殖系数为 12.78;其次为处理 2,其增殖系数 10.5;而处理 3 的增殖系数为 9.75(表 6-13)。

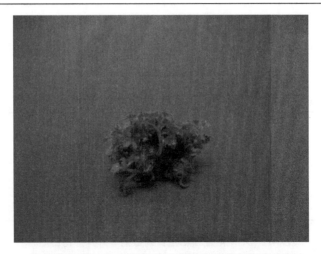

图 6-2　不定芽二次继代苗(彩图请扫封底二维码)

表 6-12　不同植物生长调节剂对叶片诱导不定芽增殖系数的影响

处理	植物生长调节剂/(mg/L)		继代苗数量	增殖系数
	6-BA	GA$_3$		
1		0.15	71	7.89
2	0.8	0.3	27	4.5
3		0.5	39	4.33

表 6-13　不定芽二次继代苗的增殖系数比较

处理	继代苗数量	增殖系数
1	115	12.78
2	63	10.5
3	85	9.75

6.4　四倍体白桦幼茎增殖培养

　　为了建立四倍体白桦快繁体系，以 B11 四倍体幼茎为外植体，调查不同植物生长调节剂对四倍体白桦幼茎增殖的影响。以其选出最适合四倍体白桦幼茎增殖的植物生长调节剂的组合。

　　采用 3 因素 5 水平的正交试验设计(表 6-14)，培养 20d 后调查各处理发生分化的幼茎数量，同时求算增殖系数。由表 6-15 可知，B11 增殖系数最高的为处理 12，其增殖系数为 3；而增殖系数在 2~3 的有处理 3、6、7、11、18、19、21、24；增殖系数最低的是处理 1、2、4、5、8、9、15、16、20、25，其增殖系数为 1。

表 6-14　四倍体白桦幼茎诱导不定芽的正交试验 L25(5⁶) 因素水平

水平	因素/(mg/L)		
	TDZ A	NAA B	GA₃ C
1	0.5	0	0
2	1	0.02	0.05
3	2	0.08	0.5
4	3	1.4	1.0
5	4	2.0	1.5

表 6-15　不同植物生长调节剂对幼茎增殖系数的影响

处理	植物生长调节剂/(mg/L)			分化幼茎数目	增殖系数
	TDZ	NAA	GA₃		
1	0.5	0	0	7	1
2	0.5	0.02	0.05	7	1
3	0.5	0.08	0.5	9	2.5
4	0.5	1.4	1	8	1
5	0.5	2.0	1.5	9	1
6	1	0	0.05	8	2.25
7	1	0.02	0.5	7	2
8	1	0.08	1	6	1
9	1	1.4	1.5	9	1
10	1	2.0	0	9	1.56
11	2	0	0.5	7	2.71
12	2	0.02	1	6	3
13	2	0.08	1.5	9	1.44
14	2	1.4	0	8	1.87
15	2	2.0	0.05	6	1
16	3	0	1	8	1
17	3	0.02	1.5	9	1.56
18	3	0.08	0	9	2
19	3	1.4	0.05	8	2
20	3	2.0	0.5	8	1
21	4	0	1.5	7	2
22	4	0.02	0	9	1.56
23	4	0.08	0.05	9	1.3
24	4	1.4	0.5	7	2
25	4	2.0	1	4	1

对 TDZ、NAA、GA$_3$ 的 5 个水平、25 个组合试验结果进行极差（R）分析，结果显示，对幼茎分化影响的主次顺序是 NAA＞GA$_3$＞TDZ，由表 6-16 可知，从 NAA 的 5 个水平中 XB1、XB2、XB3、XB4、XB5 值，可以判断不同浓度的 NAA 对幼茎分化不定芽的影响程度，根据 XB2＞XB1＞XB4＞XB3＞XB5，确定 B2 为 B 因素的优化水平，据此，确定 A3 为 A 因素的优化水平，C3 为 C 因素的优化水平。试验表明，2mg/L TDZ +0.02mg/L NAA+0.5mg/L GA$_3$ 的植物生长调节剂组合是诱导四倍体白桦幼茎分化出不定芽增殖的最优组合。

表 6-16　不同植物生长调节剂对幼茎增殖系数影响的极差分析

水平	植物生长调节剂/(mg/L)		
	TDZ A	NAA B	GA$_3$ C
X1（平均值）	1.3	1.792	1.598
X2（平均值）	1.372	1.824	1.51
X3（平均值）	2.004	1.448	2.042
X4（平均值）	1.512	1.574	1.4
X5（平均值）	1.372	1.112	1.6
极差 R	0.404	0.712	0.642
主次顺序		B＞C＞A	
优化水平	A3	B2	C3
优化组合		A3B2C3	

在上述研究的基础上，又采用 3 因素 3 水平的正交试验设计（表 6-17），研究不同浓度的 6-BA、IAA 及 GA$_3$ 对四倍体白桦幼茎再生过程中幼茎增殖系数的影响，以期选出最适合四倍体白桦幼茎增殖的 6-BA、IAA 及 GA$_3$ 组合。从表 6-18 可见，茎段形成不定芽的增殖系数的最高的是处理 4，其增殖系数为 9.17；增殖系数＞6 的是处理 2 和 9，增殖系数最低的是处理 6，其增殖系数为 2.89；其余组合的增殖系数在 3～6。

表 6-17　不同生长调节剂对幼茎增殖系数的影响正交试验 L9(3^4) 因素水平

水平	因素/(mg/L)		
	6-BA	IAA	GA$_3$
1	0.1	0	0
2	0.5	0.05	0.5
3	1.0	0.1	1.0

表 6-18　不同植物生长调节剂对茎段分化不定芽的影响

处理	植物生长调节剂/(mg/L)			分化茎段数目	增殖系数
	6-BA	IAA	GA$_3$		
1	0.1	0	0	11	3.06
2	0.1	0.05	0.5	10	8.17
3	0.1	0.1	1.0	11	4.33
4	0.5	0	0.5	12	9.17
5	0.5	0.05	1.0	9	3.06
6	0.5	0.1	0	9	2.89
7	1.0	0	1.0	12	5.17
8	1.0	0.05	0	12	5.17
9	1.0	0.1	0.5	11	6.83

　　对试验结果进行极差(R)分析,对四倍体白桦增殖系数的影响主次依次为 C＞B＞A,即 GA$_3$＞IAA＞6-BA,根据各水平的平均值,确定 A3 为 A 因素的优化水平,B1 为 B 因素的优化水平,C2 为 C 因素的优化水平,即最优化水平组合为 A3B1C2。因此,确定 1.0mg/L 6-BA+0.5mg/L GA$_3$ 为诱导四倍体白桦幼茎分化不定芽增殖的最优组合(图 6-3、表 6-19)。方差分析结果表明,只有 GA$_3$ 浓度变化对茎段分化不定芽有显著的影响,在 0.5mg/L GA$_3$ 时茎段增殖系数为 8.06,显著高于其他 2 个浓度(表 6-20、表 6-21)。

图 6-3　幼茎 25d 后增殖的不定芽(彩图请扫封底二维码)

表 6-19　幼茎分化不定芽增殖系数的极差分析

水平	植物生长调节剂/(mg/L)		
	6-BA A	IAA B	GA₃ C
$X1$（平均值）	5.19	6.11	3.70
$X2$（平均值）	5.04	5.61	8.06
$X3$（平均值）	5.28	4.61	3.74
极差 R	0.24	1.5	4.36
主次顺序		C＞B＞A	
优化水平	A3	B1	C2
优化组合		A3B1C2	

表 6-20　茎段增殖系数方差分析

方差来源	平方和	自由度	均方	F
6-BA	0.265	2	0.133	0.021
IAA	11.167	2	5.583	0.952
GA₃	112.673	2	56.336	34.417**
误差	151.957	26		

表 6-21　不同植物生长调节剂下诱导茎段的增殖系数

处理	6-BA	增殖系数	IAA	增殖系数	GA₃	增殖系数
1	0.1	5.19±2.45a	0	6.11±3.57a	0	3.70±1.19a
2	0.5	5.04±3.25a	0.05	5.61±2.99a	0.5	8.06±1.76b
3	1.0	5.28±1.54a	0.1	4.61±1.52a	1.0	3.74±0.63a

6.5　四倍体白桦继代苗增殖

将四倍体白桦 B12 的继代苗接种到分化培养基中，植物生长调节剂配比见表 6-22，调查在不同的植物生长调节剂下的继代苗的增殖系数，确定最适合四倍体白桦单株到继代苗的植物生长调节剂的配比。从表 6-22 中可以看出，0.8mg/L 6-BA+0.02mg/L NAA 时继代苗的增殖系数最高，为 7.33，在该组植物生长调节剂中其叶色鲜绿，继代苗木健壮；而长势最差的为处理 9，其增殖系数为 1，叶色黄化比较严重。

表 6-22 不同植物生长调节剂对单株到继代丛生苗的影响

处理	植物生长调节剂/(mg/L)		丛生苗数目	增殖系数	叶色
	6-BA	NAA			
1	0.5		6	2	黄
2	0.8		22	7.33	绿
3	1.0	0.02	12	4	绿
4	1.5		9	3	黄
5	2.0		10	3.33	绿
6	0.5		8	2.67	黄
7	0.8		14	4.67	绿
8	1.0	0.04	12	4	绿
9	1.5		3	1	黄
10	2.0		4	1.33	黄

从上述结果中选出增殖系数较高的 2、3、7、8 处理组，对其进行验证，从表 6-23 可以发现增殖系数最高的组合为 0.8mg/L 6-BA+0.02mg/L NAA，其增殖系数为 9.72；其次为处理 3，即 1.0mg/L 6-BA+0.02mg/L NAA，由此推断，0.8～1.0mg/L 6-BA+0.02mg/L NAA 的植物激素配比是白桦继代苗增殖的最优组合。

表 6-23 不同植物生长调节剂对单株到丛生苗增殖系数的影响

处理	植物生长调节剂/(mg/L)		增殖系数
	6-BA	NAA	
2	0.8	0.02	9.72
3	1.0		7.39
7	0.8	0.04	5.06
8	1.0		3.78

6.6 四倍体白桦组培生根培养

二倍体白桦无根苗最适合生根的培养基为 WPM+0.2mg/L NAA 或 0.4mg/L IBA (吲哚乙酸)，据此，以获得的 10 个四倍体白桦无性系的丛生苗为试材，采用上述已经建立的植物生长调节剂条件进行生根培养。

在生根基质中添加 0.2mg/L NAA 的条件下，接种的无根苗在第 14 天才见生根，生根率为 29%，生根指数为 0.46；在第 30 天时，生根率为 43%，生根指数为

1.32。在 0.4mg/L IBA 的基质中，第 8 天就有 33%的无根苗生根；在第 30 天时，生根率高达 60%，生根指数为 4.52。试验结果表明，四倍体白桦在 WPM+0.4mg/L IBA 中的生根情况好于在 WPM+0.2mg/L NAA 中（表 6-24）。

表 6-24　不同植物生长调节剂对四倍体白桦生根的影响

激素	浓度/(mg/L)	生根第 14 天				生根第 30 天			
		根数	根长/cm	生根率/%	生根指数	根数	根长/cm	生根率/%	生根指数
NAA	0.2	1.75	0.9	29	0.46	3	1.02	43	1.32
IBA	0.4	2.2	1.2	37	0.97	3.6	2.09	60	4.52

　　将二倍体白桦及四倍体白桦无根组培苗接种在 0.4mg/L IBA 生根基质中，分别进行根遮光、苗遮光处理，同时以不遮光的常规生根培养为对照（光培养 18h，暗培养 6h），培养 30d 后，统计生根数、根长。

　　在上述培养条件下，无论二倍体白桦还是四倍体白桦对光照均表现同样的规律，即在苗遮光培养条件下，生根率均较低，幼苗及根细长；在常规培养条件下，二者的生根率为 100%，根生长粗壮，略呈红色，生根指数在 14 以上；在根遮光条件下，二倍体白桦的生根率为 100%，四倍体白桦的生根率为 78%，生根指数分别为 7.44 和 4.05，虽然生根指数低于常规培养，但此条件下生出的不定根较丰富，据此认为该状态的根移栽成活率较高（表 6-25）。

表 6-25　不同光照对白桦生根苗的影响

处理	二倍体					四倍体				
	根数	根长/cm	根形态	生根率/%	生根指数	根数	根长/cm	根形态	生根率/%	生根指数
不遮光	5.71	3.21	红粗	100	18.33	6.56	2.17	红粗	100	14.21
根遮光	4	1.86	细	100	7.44	4.44	1.17	细	78	4.05
苗遮光	3	1	白细	22	0.66	1	1	白细	11	0.11

6.7　四倍体白桦的移栽

　　对培养出的二倍体及四倍体生根苗进行移栽，生根基质为草炭土∶黑土∶蛭石∶沙子=3∶2∶1∶1，生根营养液为 WPM+20g/L 蔗糖+0.4mg/L IBA。由表 6-26 可知，成活率最高的是 CK15，为 96.67%；其次是 B12，为 91.67%；成活率最低的是 B7，只有 50%。

表 6-26　　不同家系移栽成活率比较　　　　　　　（单位：%）

株系	污染率	成活率
B2	10	80
B4	11.67	66.67
B5	6.7	66.67
B6	8.33	75
B7	25	50
B8	5	75
B9	1.67	83.33
B11	5	75
B12	0	91.67
CK15	0	96.67

　　由于不同植物及不同器官对培养基需求不同，因此，即使是同一树种的不同无性系组培微繁也需要不同的培养基。以往的研究表明，诱导白桦休眠芽生长的适宜培养基为 WPM，诱导离体嫩茎不定根分化的适宜培养基是 1/2MS（陶静等，1998）。白桦种子和腋芽再生体系所需的培养基为 MS（张学英等，2008）。本试验表明，四倍体白桦快繁体系的建立宜使用 WPM 为基本培养基。

　　植物生长调节剂在离体快繁中应用较突出，在不定芽诱导及生根阶段，细胞分裂素和生长素应按一定比例配合使用，本试验所用的植物生长调节剂有 6-BA、激动素（KT）、NAA、GA$_3$、TDZ、2-4D、IBA、IAA、ZT（玉米素）。以茎段为外植体诱导不定芽分化最佳生长调节剂组合：白桦为 1.0mg/L 6-BA+0.3mg/L KT+0.01mg/L NAA（王进茂，2003），西南桦为 2.0mg/L ZT+0.2mg/L NAA（陈伟等，2007），光皮桦为 0.50mg/L 6-BA+0.10mg/L TDZ（孙晓敏，2012）。虽然 TDZ 可诱导许多植物形成不定芽，同比效果是 6-BA 的 50～100 倍（Chalupa，1987），而也有试验证明 TDZ 不能促进芽的形成反而使愈伤变大（Donnai and Preece，2004）。本试验在白桦叶片诱导不定芽时添加 TDZ 表现出较强的生理活性，在叶片诱导过程中只形成大量的愈伤组织，不能诱导不定芽的形成。因此 TDZ 诱导白桦不定芽再生的适宜浓度还需进一步研究。在四倍体白桦叶片增殖方面，6-BA 的诱导效果好于和 TDZ，在此研究基础上进一步研究四倍体白桦快繁体系，其叶片及幼茎增殖不定芽最适宜的组合是 0.8mg/L 6-BA+0.15mg/L GA$_3$、1.0mg/L 6-BA+0.5mg/L GA$_3$。

　　植物组织培养的最终目的是提高植株的增殖系数，这对植株快繁体系的建立起着重要作用。在快繁体系建立中整个增殖过程可分为增殖分化阶段与壮苗生根阶段。而白桦增殖方式主要有间接方式和腋芽抽茎的直接方式（詹亚光和杨传平，2002）。大量研究表明，通过间接途径进行植株再生存在着广泛的变异（Roth et al.，1997）。因此，在白桦离体快繁时，应选择最佳的增殖方式，避免由愈伤到不定芽产生的遗传变异(詹亚光和杨传平，2002)。本试验通过二倍体单株增殖及四倍体"一步成芽法"保证了遗传稳定性，缩短了繁殖时间，降低了培育成本，提高了增殖系数，进而实现了二倍体及四倍体白桦组培体系的建立与优化。

　　组培苗工厂化生产的最后一步是试管苗的移栽，生根方式、生根时间及生根基质不同直接影响移栽成活率的高低。王进茂(2003)选择试管苗的不定根生长最快的时期作为白桦试管苗移栽的最佳时期。本试验室在进行小黑杨、白桦等试管苗移栽过程中也证实了这一点。本试验的四倍体白桦组培苗生根方式与詹亚光和杨传平(2002)、杨光等(2011)相同，而生根苗移栽时间和生根基质有一定的差别。本试验白桦生根试管苗移栽的最佳时期为生根培养25d时，而生根基质主要为草炭土：黑土：蛭石：沙子=3：2：1：1。另外，苗木移栽后施加最佳的肥料也是提高白桦试管苗移栽成活率的关键因素(李天芳等，2009)。而培养过程中10个家系的成活率不同，这与个体的基因型和对环境适应能力不同有关。

　　本实验整个快繁体系的建立仅用了6个月，且移栽成活率较高，为91.67%，每瓶培养基的成本为0.26元。组培快繁是四倍体白桦无性繁殖的有效途径之一，若要降低成本，建议通过嫁接方式进行无性扩繁。但该方法具有亲和力低、受季节限制等缺点，直接影响了嫁接的成活率，四倍体白桦成活率仅为9.75%。并且嫁接时需要较多的砧木，间接提高了成本。综合考虑，选择组培快繁是最佳的无性繁殖方法。

7 施肥处理对四倍体白桦生长的影响

由于基因型不同，林木生长发育对肥料的反应差异较大，针对不同基因型找到最佳施肥配方，同时依据林木生长发育规律，适时调整配方肥中氮、磷、钾的比例及施肥量，既满足了林木生长发育的需要，又避免了肥料浪费，是林木合理施肥的重要研究内容(Sardans et al.，2006；丁钿冉等，2013)。本试验室在前期曾针对白桦不同家系开展了配方施肥对苗期生长影响的研究，为不同家系选出了适宜施肥配方(李天芳等，2009)。此外，也曾针对白桦同一家系开展了施肥研究，选出了促进该家系开花结实的最佳施肥配方(刘福妹等，2012，2015)。而这些前期研究，均以白桦多基因型组成的群体为对象，筛选出的最佳施肥配方适合的是多基因型群体，对于染色体加倍后的四倍体及单一基因型的无性系并不一定适合。为此，本研究针对不同倍性白桦开展研究，分析施肥量对四倍体白桦无性系生长的影响，评价四倍体与二倍体白桦对营养元素需求的差异，筛选出白桦优良四倍体无性系及最佳施肥量，为四倍体白桦良种育苗提供科学依据。

7.1 施肥条件下四倍体白桦的生长节律

为了研究不同施肥条件下四倍体和二倍体白桦的生长发育过程，在前期最佳施肥配方筛选的基础上(刘福妹等，2012)，设置 3 种施肥频度，分别每 7d(处理 1)、10d(处理 2)、15d(处理 3)施肥 1 次，以不施肥为对照(处理 4)。施肥时配制成 1/1000 质量浓度的营养液，5 月 1 日开始根部施肥，8 月 31 日结束。进而绘制了苗高、地径生长节律曲线(图 7-1)。从图 7-1 可以看出，四倍体和二倍体白桦苗高和地径生长均呈"慢—快—慢"的"S"型，在施肥处理开始的 5 月 15 日~7 月 1 日的 1 个半月内，不同处理间对白桦苗高和地径生长的影响差异不明显，呈现缓"慢"递增的趋势；自 7 月 1 日后均进入"快"速生长期，但施肥处理间的差异逐渐增大，生长速度随着施肥量的递增而递增，处理 1 的生长最快，其次是处理 2，处理 3 处于第三位，未施肥的处理 4 生长最慢；在 4 种处理条件下，白桦生长速度降低拐点及结束生长的时间不同，白桦在未施肥(处理 4)时提早降低长势，于 8 月 15 日左右停止生长，凡施肥的白桦于 9 月 1 日左右结束生长。因此，施肥提高了白桦生长速度、延长了生长期，进而增加了生长量。

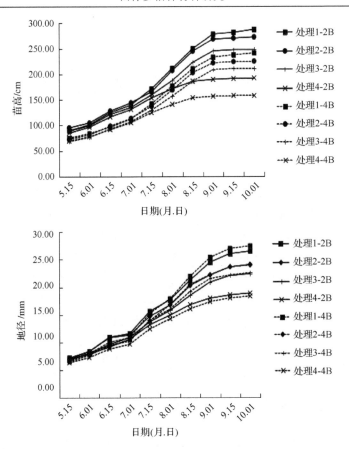

图 7-1　不同施肥处理条件下不同倍性白桦的苗高、地径生长趋势

图中实线为二倍体，虚线代表四倍体，1-2B、2-2B、3-2B、4-2B 分别代表针对二倍体的处理 1、2、3、4，

以此类推 1-4B、2-4B、3-4B、4-4B 分别代表针对四倍体的处理 1、2、3、4

不同倍性白桦苗高、地径生长曲线比较发现，在未施肥条件下四倍体苗高、地径生长明显低于二倍体，四倍体地径生长在施肥处理 1 条件下表现出较速生的优势，较二倍体提高了 3.71%。可见，四倍体白桦更喜肥。

7.2　施肥条件下四倍体白桦苗期生长性状的方差分析

针对不同倍性白桦无性系、施肥处理、无性系与施肥的交互作用等进行苗高、地径及高径比的差异显著性分析(表 7-1)。结果表明，这些性状在不同白桦无性系间、四倍体和二倍体内部各无性系间及施肥处理间的差异均达到了显著或极显著水平。无性系与施肥处理的交互作用仅在无性系苗高及四倍体高径比性状上达到了显著或极显著水平，说明施肥对白桦无性系的互作影响主要表现在高生长上，以苗高性状对每个无性系开展最佳施肥量选择具有科学性。

表 7-1 无性系苗高、地径及高径比的方差分析

性状	变异来源	倍性	自由度	均方	F	均值	变幅	变异系数/%
苗高/cm	无性系		18	14 759.198	82.487**	225.98	169.33~280.25	16.85
	处理	四倍体+二倍体	3	92 517.827	517.068**	225.98	172.40~262.70	16.47
	无性系×处理		54	598.858	3.347**			
	误差		164	178.928				
	无性系	四倍体	10	11 381.343	60.352**	209.01	169.33~274.50	16.82
		二倍体	7	6 883.685	42.014**	251.44	221.92~280.25	16.89
	处理	四倍体	3	47 194.314	250.259**	209.01	157.75~242.50	15.50
		二倍体	3	45 825.125	279.688**	251.44	191.88~293.00	11.36
	无性系×处理	四倍体	30	492.804	2.613**			
		二倍体	21	711.26	4.341**			
	误差	四倍体	100	188.582				
		二倍体	64	163.844				
地径/mm	无性系		18	36.987	8.906**	23.04	19.09~25.83	15.96
	处理	四倍体+二倍体	3	714.361	172.014**	23.04	18.56~27.07	11.02
	无性系×处理		54	5.230	1.259			
	误差		164	4.153				
	无性系	四倍体	10	57.517	14.593**	23.09	19.09~25.83	16.67
		二倍体	7	12.806	2.856*	22.96	21.19~24.10	15.00
	处理	四倍体	3	477.741	121.209**	23.09	18.34~27.47	11.86
		二倍体	3	244.195	54.468**	22.96	18.89~26.49	9.66
	无性系×处理	四倍体	30	5.393	1.368			
		二倍体	21	4.897	1.092			
	误差	四倍体	100	3.941				
		二倍体	64	4.483				
高径比	无性系		18	28.105	32.407**	9.86	7.30~13.01	9.64
	处理	四倍体+二倍体	3	10.076	11.618**	9.86	9.29~10.23	17.53
	无性系×处理		54	1.037	1.195			
	误差		164	0.867				
	无性系	四倍体	10	19.303	37.149**	9.11	7.30~11.18	8.91
		二倍体	7	15.266	10.824**	11.00	9.72~13.01	10.64
	处理	四倍体	3	4.74	9.122**	9.11	8.64~9.45	15.34
		二倍体	3	6.068	4.302**	11.00	10.26~11.39	14.09
	无性系×处理	四倍体	30	0.976	1.878**			
		二倍体	21	1.151	0.816*			
	误差	四倍体	100	0.520				
		二倍体	64	1.410				

7.3　施肥条件下四倍体白桦苗高和地径的多重比较

为了分析白桦各无性系苗高、地径等在不同施肥处理条件下的生长表现，本试验室进行了各无性系苗高、地径、高径比等性状的多重比较分析(表 7-2)。

表 7-2　不同施肥处理条件下无性系苗高、地径及高径比等性状的多重比较

无性系	处理 1			处理 2		
	苗高/cm	地径/mm	高径比	苗高/cm	地径/mm	高径比
CK10	246.00±24.98ef	24.26±3.15def	10.17±0.57cdef	239.00±6.93de	22.92±0.69bcde	10.44±0.42cde
CK11	289.67±5.51cd	28.34±1.73abcd	10.25±0.74cdef	274.33±7.37b	24.27±0.88abcd	11.31±0.18bcd
CK18	272.67±19.86d	24.98±0.77cdef	10.91±0.63bcde	268.33±3.51bc	23.72±0.61abcd	11.31±0.22bcd
CK2	275.33±10.79d	28.09±1.33abcde	9.83±0.78cdefg	233.33±1.53e	24.49±5.30abcd	9.88±2.43def
CK353	303.67±17.62bc	23.07±1.01ef	13.20±1.35a	298.00±2.65a	22.59±2.03bcde	13.25±1.07a
CK9	310.00±13.00abc	25.47±2.26cdef	12.23±1.10ab	258.67±10.12bc	24.08±1.72abcd	10.77±0.48bcde
CKz18	316.00±7.94ab	27.83±2.06abcde	11.41±1.15bcd	297.67±8.74a	25.00±1.68abc	11.96±1.13abc
CKz3	330.67±11.15a	29.85±3.70abc	11.21±1.65bcde	310.67±7.09a	25.42±0.33abc	12.22±0.28ab
B13	206.00±11.79h	23.57±0.87def	8.76±0.81fgh	179.00±14.93h	21.00±2.68de	8.66±1.65fgh
B15	269.00±1.73de	28.13±0.90abcd	9.57±0.36efg	253.67±4.04cd	27.14±0.63a	9.35±0.07efg
B16	202.33±12.22h	28.08±2.15abcde	7.23±0.69hi	192.67±3.21gh	23.64±2.40abcd	8.20±0.78gh
B19	266.67±13.65de	27.29±0.92abcdef	9.77±0.25defg	235.67±3.79e	23.49±0.35abcde	10.03±0.03def
B27	231.33±0.58fg	22.45±3.78f	10.50±1.73cdef	214.00±3.61f	19.93±1.14e	10.76±0.53bcde
B36	219.00±1.00gh	26.16±1.03cdef	8.38±0.35ghi	212.33±3.21f	22.20±0.11cde	9.56±0.17efg
B37	217.17±10.68gh	31.58±4.12ab	6.96±0.83i	205.67±12.94fg	26.33±2.78ab	7.85±0.58h
B39	246.33±26.31ef	24.06±4.53def	10.37±1.07cdef	239.33±12.10de	23.96±0.32abcd	9.99±0.38def
B42	222.00±6.00gh	26.62±1.15bcdef	8.34±0.23ghi	215.00±3.00f	25.04±0.73abc	8.59±0.37fgh
B44	324.00±9.00ab	28.16±1.40abcd	11.54±0.89bc	293.67±27.21a	25.13±1.38abc	11.75±1.70abc
B8	289.00±13.75cd	31.92±3.36a	9.10±0.59fg	254.33±6.43cd	23.47±0.90abcde	10.85±0.53bcde
平均	259.73±44.50	27.07±3.54	9.71±1.85	244.05±38.23	24.01±2.37	10.23±1.67

续表

无性系	处理3			处理4		
	苗高/cm	地径/mm	高径比	苗高/cm	地径/mm	高径比
CK10	220.00±11.27de	22.12±0.57abcd	9.95±0.26defg	182.67±21.94cdef	18.30±1.60abc	9.96±0.35bcde
CK11	243.67±18.77bcd	23.00±0.84abc	10.60±0.80cdef	164.00±9.00defg	20.30±1.17abc	8.08±0.08fg
CK18	246.33±8.08bcd	23.70±2.14abc	10.46±1.07cdef	165.00±13.23defg	18.50±1.64abc	8.94±0.74cdef
CK2	191.00±1.00fg	20.55±5.88cd	9.92±3.28defg	189.33±17.16bcde	20.49±0.35ab	9.25±0.93cdef
CK353	269.33±31.88ab	21.37±0.64abcd	12.59±1.20ab	230.00±3.61a	17.73±1.01bc	13.01±0.92a
CK9	257.33±2.52abc	23.17±0.41abc	11.11±0.09bcd	190.67±3.06bcd	17.99±0.21bc	10.60±0.05bc
CKz18	281.67±2.89a	23.64±2.39abc	12.00±1.20abc	211.33±11.15ab	19.91±0.46abc	10.62±0.73bc
CKz3	277.67±3.79a	21.64±0.58abcd	12.84±0.53a	202.00±17.00bc	17.90±3.09bc	11.60±2.94ab
B13	175.00±11.14g	20.75±1.47bcd	8.44±0.23gh	117.33±15.31h	15.18±0.62d	7.75±1.23fg
B15	244.33±7.23bcd	23.79±1.00abc	10.28±0.46cdef	182.33±3.21cdef	18.34±0.85abc	9.95±0.54bcde
B16	187.33±4.93fg	22.54±0.94abcd	8.31±0.15fg	138.00±20.88gh	18.28±2.00abc	7.53±0.41fg
B19	202.33±7.09efg	22.44±0.69abcd	9.02±0.34efgh	161.67±8.14fg	18.12±1.27abc	8.94±0.42cdef
B27	205.33±3.06ef	18.94±0.63d	10.85±0.22cde	138.67±8.50gh	15.04±2.36d	9.32±0.98cdef
B36	189.00±4.36fg	18.92±0.07d	9.99±0.22defg	179.67±4.73cdef	18.20±1.09abc	9.89±0.43bcde
B37	186.00±31.65fg	24.56±3.17ab	7.57±0.72h	143.33±28.03g	20.86±1.84a	6.83±0.87g
B39	239.00±16.37cd	23.69±0.67abc	10.10±0.90defg	163.00±2.65efg	18.84±0.62abc	8.66±0.34def
B42	206.00±4.00ef	23.29±1.08abc	8.86±0.33fgh	162.67±3.51efg	17.49±0.76cd	9.31±0.50cdef
B44	275.33±6.43a	24.93±0.49a	11.04±0.05bcd	205.00±5.20bc	19.72±0.23abc	10.40±0.38bcd
B8	233.00±4.36cd	22.44±1.58abcd	10.41±0.58cdef	158.00±6.56fg	19.18±1.54abc	8.28±0.86efg
平均	25.78±36.91	22.50±2.37	10.09±1.66	171.40±30.43	18.56±1.97	9.29±1.71

　　由高生长的多重比较结果可见(表 7-2)，二倍体白桦普遍较四倍体白桦长得高，在表 7-2 中排在前 9 位的无性系中有 6 个为二倍体，占参试二倍体白桦的 3/4，其群体高生长量较四倍体提高了 20.30%；但在四倍体中也有生长量较大的无性系，其中 B44 在各种处理的平均高生长达到了 274.5cm，分别较四倍体和二倍体平均高生长提高了 31.33%、9.17%。地径生长量的多重比较表明，排在各种处理首位的无性系均为四倍体，生长量最大者是在处理 1 条件下的 B8 无性系，其地径生长量达到 31.92mm，较群体均值(23.04mm)提高了 38.54%。综上研究表明，

不同倍性白桦的苗高、地径生长对施肥处理反应不同，二倍体高生长随着施肥量的增加而增加，而四倍体地径生长随着施肥量的增加而增加。

由表 7-2 还可以看出，CKz3、B44、CKz18、CK353 等无性系在各种施肥处理条件下的排列位置均在前几位，为稳定遗传的无性系，这 4 个无性系的平均苗高、地径分别达到 276.67cm、23.37mm，较群体均值（225.98cm、23.04mm）提高22.43%、1.43%，可作为优良无性系的选择对象。B13、B16 等无性系在各施肥条件下排位一直在后面，这些无性系在材性性状上如果无上乘表现，将来被淘汰的可能性很大。

此外，从二倍体白桦各无性系的生长情况可以看出，杂种二倍体无性系的生长具有最突出表现，在 19 个无性系多重比较中，仅有的两个杂种无性系 CKz3、CKz18 高生长均排在前几位，表现出较好的培育前景，也暗示着杂种无性系具有较大的选择潜力。

高径比值越小，其根系越发达，造林成活率越高。由 3 种施肥处理条件下无性系的平均高径比值可见（表 7-2），最小比值为处理 1 的 9.71，其次处理 3 为 10.09，最大的是处理 2 的 10.23，三者之间差异不大，虽然处理 1 的高径比最小，但施肥次数较多，其未来的造林成活率与处理 2 和处理 3 也不会有明显差异。本着节省肥料及用工成本的原则，在采用白桦多个无性系混合造林时，处理 3 是苗木培养的主选施肥方案。另外，由不同倍性白桦平均高径比可知，在 3 种施肥及对照条件下，二倍体均小于四倍体，因此说明二倍体的根系较四倍体发达，造林成活率将更高。

7.4　四倍体白桦最佳施肥量的确定

由白桦无性系与施肥处理的交互作用（表 7-1），确定苗高为各无性系的最佳施肥量选择的理想性状。据此，针对每个无性系在 4 种施肥处理条件下的苗高进行了方差分析，结果表明，所有无性系施肥处理间的差异均达到显著水平。多重比较表明（表 7-3），各无性系苗高随着施肥量的增加而呈现不同的表现，有的施肥量越多生长量越大，而有的对施肥量的增加反应较迟钝，据此确定了各无性系的最佳施肥处理（表 7-3 中☆标注），即 B13、B15、B19、B27、B44、B8、CK2、CKz18 等 8 个无性系选择施肥处理 1，B36、B42、CK11、CK18、CKz3 等 5 个无性系选择施肥处理 2，B16、B37、B39、CK353、CK10、CK9 等 6 个无性系选择施肥处理 3。根据多重比较选出的 CKz3、B44、CKz18、CK353 等 4 个优良无性系分别隶属于 3 种施肥配方。

表 7-3 各白桦无性系不同施肥处理下苗高多重比较及最佳施肥量的确定

无性系	处理	苗高/cm	最佳施肥量
B13	处理 1	206.00±11.79a	☆
	处理 2	279.00±14.93b	
	处理 3	175.00±11.14b	
	处理 4	117.33±15.31c	
B15	处理 1	269.00±1.73a	☆
	处理 2	253.67±4.04b	
	处理 3	244.33±7.23c	
	处理 4	182.33±3.21d	
B16	处理 1	202.33±12.22a	
	处理 2	192.67±3.21a	
	处理 3	187.33±4.93a	☆
	处理 4	138.00±20.88b	
B19	处理 1	266.67±13.65a	☆
	处理 2	235.67±3.79b	
	处理 3	202.33±7.09c	
	处理 4	161.67±8.14d	
B27	处理 1	231.33±0.58a	☆
	处理 2	214.00±3.61b	
	处理 3	205.33±3.06b	
	处理 4	138.67±8.50c	
B36	处理 1	219.00±1.00a	
	处理 2	212.33±3.21a	☆
	处理 3	189.00±4.36b	
	处理 4	179.67±4.73c	
B37	处理 1	209.50±21.68a	
	处理 2	205.67±12.94a	
	处理 3	186.00±31.65a	☆
	处理 4	143.33±28.03b	
B39	处理 1	246.33±26.31a	
	处理 2	239.33±12.10a	
	处理 3	239.00±16.37a	☆
	处理 4	163.00±2.65b	

无性系	处理	苗高/cm	最佳施肥量
B42	处理 1	222.00±6.00a	
	处理 2	215.00±3.00a	☆
	处理 3	206.00±4.00b	
	处理 4	162.67±3.51c	
B44	处理 1	324.00±9.00a	☆
	处理 2	293.67±27.21b	
	处理 3	275.33±6.43b	
	处理 4	205.00±5.20c	
B8	处理 1	289.00±13.75a	☆
	处理 2	254.33±6.43b	
	处理 3	233.00±4.36c	
	处理 4	158.00±6.56d	
CK353	处理 1	303.67±17.62a	
	处理 2	298.00±2.65a	
	处理 3	269.33±31.88a	☆
	处理 4	230.00±3.61b	
CK10	处理 1	246.00±24.98a	
	处理 2	239.00±6.93a	
	处理 3	220.00±11.27a	☆
	处理 4	182.67±21.94b	
CK11	处理 1	289.67±5.51a	
	处理 2	274.33±7.37a	☆
	处理 3	243.67±18.77b	
	处理 4	164.67±9.00c	
CK18	处理 1	272.67±19.86a	
	处理 2	268.33±3.51ab	☆
	处理 3	246.33±8.08b	
	处理 4	165.00±13.23c	
CK2	处理 1	275.33±10.79a	☆
	处理 2	233.33±1.53b	
	处理 3	191.00±1.00c	
	处理 4	189.33±17.16c	

无性系	处理	苗高/cm	最佳施肥量
CK9	处理1	266.00±77.31a	
	处理2	258.67±10.12a	
	处理3	257.33±2.52a	☆
	处理4	190.67±3.06a	
CKz18	处理1	316.00±7.94a	☆
	处理2	297.67±8.74b	
	处理3	281.67±2.89c	
	处理4	211.33±11.15d	
CKz3	处理1	330.67±11.15 a	
	处理2	310.67±7.09 a	☆
	处理3	277.67±3.79b	
	处理4	202.00±17.00d	

根据林木种类、家系及无性系等不同基因型的需肥规律、基质供肥能力和肥料效率提出的元素配比方案和相应的施肥量是配方施肥的主要研究内容(赵燕等，2010;刘欢等，2016)。有研究者根据我国杨树林地存在重茬、肥力偏低及土壤有机质常不及 0.5%～1.0%等现实问题开展了针对性的施肥研究，结果表明，施氮肥可明显促进杨树生长量，单施磷肥效果不佳，施钾肥可增强抗霜冻能力。另有研究者针对鲁西黏壤质黄潮土的造林基质，研究了 I-214 杨的施肥效应，得到了最佳施肥处理配方：150g N+150g P_2O_5+25g K_2O+10g 绿肥，施用了该配方肥，I-214 杨的树高、胸径和蓄积量等分别增长 23%、41%和 132%(于彬等，2007)。McKeand 等(2006)选用火炬松(*Pinus taeda*)2 个不同种源的 10 个自由授粉家系开展施肥试验，每年都进行施肥处理，对八年生的火炬松测定结果可以看出，不同家系对施肥反应的差异很大，施肥处理条件下树高增加了 21%～66%，家系材积生长量增加了 2.6 倍。本试验对白桦 19 个无性系二年生苗的施肥量研究表明，不同倍性白桦的生长均呈现"慢—快—慢"的"S"型，生长速度及生长期随着施肥量的递增而递增，苗高、地径生长量较对照分别提高 42.46%、32.14%;在 3 种施肥处理及对照条件下，不同倍性白桦无性系间生长量差异明显，高生长量二倍体较四倍体提高了 20.30%，而地径生长方面四倍体白桦表现出更喜肥，在施肥处理 1 条件下较二倍体提高了 3.71%。

高径比反映了苗木高度和粗度的平衡关系，也是反映苗木抗性及造林成活率的较好指标。一般来说高径比越大，说明苗木越细越高，抗性弱，造林成活率低;相反，高径比越小，苗木越粗，抗性强，造林成活率高(李国雷等，2011;邵芳丽等，2012)。本研究发现，3 种施肥处理间的高径比差异不大，在 9.71～10.23，综合用工成本及造林成活率等因素，确定处理 3 为白桦混合无性系苗期培育的最佳施肥方案。

　　一般情况下，随着施肥量的增加苗木生长量也增加，当施肥量超过一定阈值后苗木生长量提高得越来越不明显，因此苗木施肥临界值的确定成为合理施肥的关键(Salifu and Timmer，2003；Oliet et al.，2011；陈琳等，2012；徐嘉科等，2015)。有研究者针对沉香进行浓度梯度指数施肥时发现，在指数施肥初期，其苗高、地径随着施肥水平的增加而增加，随着氮素施入量加大，在指数试验中后期，高浓度处理的苗木增长变缓，最终选定了浓度适中指数施肥浓度(何茜等，2012)。本试验针对 19 个白桦无性系的 3 种施肥量的处理发现，有 8 个无性系适合高施肥量，在处理 1 时生长最快，而有 6 个无性系适合中等施肥量，有 4 个无性系适合较低施肥量。

　　本试验综合各无性系苗高、地径生长量，初步选择 CKz3、B44、CKz18、CK353 等为优良无性系，其平均苗高、地径较未施肥条件下的均值提高了40.60%、32.26%。在白桦无性系群体中，杂种表现突出，未来可加大杂种无性系的选择工作。

8 三倍体白桦种子园母树测定

1935 年，瑞典的 Nilsson-Ehle 发现了天然三倍体欧洲山杨（*Populus tremula*），由于其表现为形态上的巨大性（Nilsson-Ehle，1936），特别是在材积上带来的巨大增长，引起了林木育种工作者对多倍体应用价值的关注（Einspahr，1984），从此在世界范围内开启了林木多倍体育种的研究。就主要利用营养器官的林木多倍体而言，与利用生殖器官的农作物明显不同，多年生习性能保证品种一旦育成则可长期持续利用，因此林木多倍体育种的潜力更大，作用更突出（康向阳，2003）。在不同倍性的多倍体材料中，三倍体植株以其特有的速生、优质、抗病等特性脱颖而出，而被育种学家所钟爱。目前已有杨树（*Populus tomentosa*、*Populus canesecens*、*Populus tremulodies*）（Seitz，1954；Weisgerber et al.，1980；Zhang et al.，2007；Zhang and Kang，2010）、桑（*Morus alba*）（Dwived et al.，1989）等多个树种的三倍体材料培育成功，并已在实际生产生活中发挥了重要作用。林木种子园作为林木良种的繁育基地，是为林业生产提供良种的主要渠道之一，已在世界上诸多国家实际生产中得到应用（欧阳磊等，2015）。因此，本团队利用早期诱导的四倍体与二倍体白桦优树构建了三倍体白桦种子园，以生产和选育三倍体白桦良种为主要目的。

8.1 三倍体白桦的获得

本研究收获四倍体白桦经自由授粉所结的种子，将获得的种子在育苗杯中育苗，共获得苗木 47 株。当白桦展叶后，利用倍性分析仪和染色体压片法分别对47 株苗木进行倍性鉴定。倍性分析仪每次检测不少于 800 个细胞，由图 8-1 可以看出，A 为二倍体对照白桦的 DNA 含量分布图，只有一个峰，峰值为 106，因此，所有检测到只有一个峰，并且峰值（峰值 159）约为二倍体白桦 1.5 倍的为三倍体白桦。通过对获得的 47 株白桦进行倍性鉴定，发现经四倍体自由授粉所获得的白桦全部都为三倍体，三倍体得率为 100%。

在倍性分析仪测定的基础上，对获得的三倍体白桦又通过压片法观察染色体数目，结果如图 8-2 所示，白桦二倍体细胞的染色体数目为 $2n=2x=28$，当细胞染色体数为 $2n=3x=42$ 时，可以确定其为三倍体细胞。倍性分析仪确定为三倍体的白桦生根后，经染色体压片，每株白桦观察 30 个以上的中期分裂相细胞，发现根尖细胞染色体数目为 $2n=3x=42$，说明倍性分析仪的鉴定结果是可靠的。

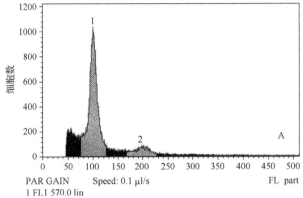

File: 7 9	Peak	Index	Mode	Mean	Area	Area%	CV%
26.03.11 12:07:37　　1127231 cells/ml	1	1.000	100	99.73	20381	56.94	6.27
Total Count 35795	2	1.961	197	195.58	3375	9.43	8.56

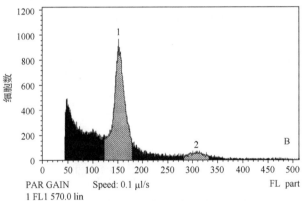

File: 8 9	Peak	Index	Mode	Mean	Area	Area%	CV%
26.03.11 12:35:08　　1033630 cells/ml	1	1.000	152	152.75	25213	38.30	5.73
Total Count 65837	2	2.010	308	306.95	3089	4.69	7.25

图 8-1　不同倍性白桦流式细胞仪鉴定
A. 二倍体；B. 三倍体

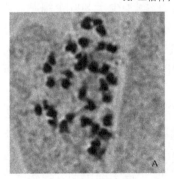
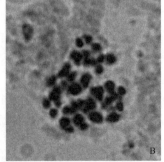

图 8-2　白桦根尖染色体压片观察(彩图请扫封底二维码)
A. 二倍体；B. 三倍体

8.2　三倍体白桦制种母树花期物候观测、
种子产量及生长性状比较

8.2.1　制种母树花期物候观测

调查对象为构建于 2010 年的三倍体白桦棚式种子园中的白桦,该园占地面积为 1000m²,南北长 50m,东西宽 20m。于 2011 年定植 48 株白桦母树(表 8-1),其中白桦四倍体母树与二倍体母树以 2∶1 的比例定植,四倍体 31 株,二倍体 17 株,株行距 4m×4m。

表 8-1　三倍体白桦种子园母树位置代码

母树位置	母树代码	倍性	母树位置	母树代码	倍性	母树位置	母树代码	倍性
4-1	CK8	2	4-17	B34	4	4-33	B19	4
4-2	B17	4	4-18	B13	4	4-34	B18	4
4-3	B37	4	4-19	CK21	2	4-35	CK19	2
4-4	CK11	2	4-20	B31	4	4-36	B23	4
4-5	B28	4	4-21	B29	4	4-37	CK23	2
4-6	B33	4	4-22	CK7	2	4-38	B12	4
4-7	CK12	2	4-23	B40	4	4-39	CK18	2
4-8	B38	4	4-24	B41	4	4-40	B35	4
4-9	B39	4	4-25	B20	4	4-41	B32	4
4-10	CK20	2	4-26	CK9	2	4-42	CK22	2
4-11	B25	4	4-27	B7	4	4-43	B15	4
4-12	B36	4	4-28	B42	4	4-44	B44	4
4-13	CK14	2	4-29	CK15	2	4-45	CK10	2
4-14	B24	4	4-30	B30	4	4-46	B27	4
4-15	B21	4	4-31	B14	4	4-47	B43	4
4-16	CK13	2	4-32	CK17	2	4-48	CK16	2

对于初达结实年龄的三倍体白桦种子园中的母树,其四倍体母树雌花开花时间能否与二倍体母树雄花散粉时间相吻合,使四倍体母树能够在有效的时间内接受二倍体花粉,是生产白桦三倍种子的关键因素。经过连续 2 年的花期物候观测发现(表 8-2),在 2013 年,园内四倍体母树雌花萌动最早于 4 月 24 日开始,最晚于 5 月 4 日达到雌花完全开花,园中四倍体雌花盛花期为 11d,而二倍体雌花则于 4 月 23 日～5 月 3 日为盛花期。对于二倍体雄花,其解螺旋时间最早为 5 月 1 日,最晚于 5 月 4 日散粉结束,其雄花盛花期为 4d。在 2014 年,园内四倍体母

树雌花萌动最早于 4 月 10 日开始，最晚于 4 月 18 日达到雌花完全开花，园中四倍体雌花盛花期为 9d，而二倍体雌花则于 4 月 10 日～4 月 17 日为盛花期。对于二倍体雄花，其解螺旋时间最早为 4 月 13 日，最晚于 4 月 18 日散粉结束，其雄花盛花期为 6d。

表 8-2　白桦母树开花时间统计

母树代码	倍性	2013 年				2014 年			
		雌花萌动	雌花开花	雄花序解螺旋	雄花散粉	雌花萌动	雌花开花	雄花序解螺旋	雄花散粉
CK8	2	—	—	5.2	5.3	—	—	4.16	4.17
B17	4	—	—	—	—	—	—	—	—
B37	4	4.29	5.3	—	—	4.13	4.16	—	—
CK11	2	—	—	5.1	5.2	—	—	4.17	4.18
B28	4	4.26	5.2	5.2	5.3	—	—	4.14	4.15
B33	4	—	—	—	—	—	—	—	—
CK12	2	4.27	5.2	5.1	5.2	4.12	4.16	4.14	4.15
B38	4	4.27	5.2	—	—	4.11	4.15	—	—
B39	4	4.28	5.2	—	—	4.1	4.15	—	—
CK20	2	—	—	5.1	5.2	4.13	4.16	4.15	4.16
B25	4	—	—	5.2	5.3	—	—	—	—
B36	4	—	—	—	—	—	—	—	—
CK14	2	—	—	5.1	5.2	—	—	4.13	4.14
B24	4	—	—	5.2	5.3	—	—	4.16	4.17
B21	4	4.28	5.3	—	—	4.14	4.17	—	—
CK13	2	4.24	5.3	5.2	5.3	4.11	4.15	4.14	4.15
B34	4	4.27	5.3	—	—	4.12	4.16	—	—
B13	4	—	—	5.2	5.3	4.12	4.16	4.15	4.16
CK21	2	4.24	5.2	—	—	4.1	4.15	4.14	4.15
B31	4	—	—	5.3	5.4	—	—	4.16	4.17
B29	4	4.27	5.2	5.1	5.2	4.11	4.15	4.14	4.16
CK7	2	4.28	5.3	5.3	5.4	4.12	4.16	—	—
B40	4	—	—	—	—	4.15	4.18	—	—
B41	4	4.28	5.2	—	—	4.14	4.17	—	—
B20	4	—	—	—	—	—	—	—	—
CK9	2	4.24	5.2	5.1	5.2	4.13	4.17	4.14	4.15
B7	4	—	—	5.1	5.2	4.13	4.17	—	—
B42	4	4.24	5.2	—	—	4.13	4.16	4.14	4.15
CK15	2	4.28	5.2	5.3	5.4	4.13	4.17	4.15	4.16

续表

母树代码	倍性	2013 年				2014 年			
		雌花萌动	雌花开花	雄花序解螺旋	雄花散粉	雌花萌动	雌花开花	雄花序解螺旋	雄花散粉
B30	4	4.27	5.3	5.2	5.3	—	—	4.15	4.16
B14	4	4.26	5.2	—	—	4.12	4.15	—	—
CK17	2	4.23	5.2	—	—	4.11	4.15	—	—
B19	4	4.24	5.4						
B18	4	4.29	5.3	—	—	4.13	4.17	—	—
CK19	2	—	—	5.1	5.2	4.12	4.17	4.15	4.16
B23	4								
CK23	2	4.27	5.2	5.1	5.2	4.12	4.16	4.14	4.15
B12	4	—	—	—	—	4.11	4.15		
CK18	2	4.27	5.2	5.1	5.3	4.13	4.17	4.14	4.15
B35	4	4.27	5.3	5.2	5.3	—	—	4.16	4.17
B32	4	4.27	5.3						
CK22	2	4.3	5.2	5.2	5.4	4.12	4.17	4.16	4.17
B15	4	4.26	5.2	5.1	5.2	4.11	4.15	4.13	4.14
B44	4	—	—	—	—				
CK10	2	—	—	—	—	4.13	4.17		
B27	4	4.28	5.3	5.3	5.4	4.13	4.17	4.15	4.16
B43	4	4.24	5.2						
CK16	2	—	—	5.1	5.2	—	—	—	—

从开花个体方面来看，B17、B33、B36、B20、B23 和 B44 等 6 株四倍体母树连续 2 年雌雄花序均未开放，B25、B24、B31 等 3 株四倍体母树仅有雄花序产生，其余四倍体母树均能够正常开花。二倍体母树中除 CK17 与 CK10 外均能正常授粉。

8.2.2 制种母树种子产量比较

通过 2013～2015 年连续 3 年对白桦强化种子园内母树结实量统计后发现（图 8-3、表 8-3），2013 年结实量为 1470g，其中四倍体母树结实量为 385g，占总结实量的 26.19%；2014 年结实量为 3325g，四倍体母树结实量为 670g，占总结实量的 20.15%；2015 年结实量为 4408g，四倍体母树结实量为 1418g，占总结实量的 32.17%。从总体来看，种子园母树结实量呈逐年增加趋势，从结实个体来看，CK13、CK21、CK17 和 CK18 等二倍体母树表现较好，连年结实量较高；B21、B29 和 B14 等四倍体母树连年表现也较为良好。另外，B33、B25、B36、B24、B31、B35、B32、B44 和 B43 等 9 株四倍体母树结实情况较差，CK8、CK11、CK20 和 CK16 等 4 株二倍体母树也连续 3 年未结实。

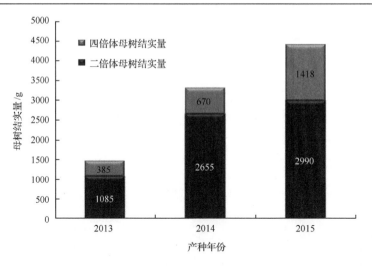

图 8-3　制种母树连年结实量

表 8-3　2013～2015 年三倍体白桦种子园母树结实量

母树位置	母树代码	倍性	种子干重/g			母树位置	母树代码	倍性	种子干重/g		
			2013 年	2014 年	2015 年				2013 年	2014 年	2015 年
4-1	CK8	2	—	—	—	4-25	B20	4	—	—	30
4-2	B17	4	—	—	160	4-26	CK9	2	155	105	55
4-3	B37	4	20	25	—	4-27	B7	4	—	20	110
4-4	CK11	2	—	—	—	4-28	B42	4	60	85	75
4-5	B28	4	10	—	—	4-29	CK15	2	75	200	110
4-6	B33	4	—	—	—	4-30	B30	4	10	—	—
4-7	CK12	2	—	160	65	4-31	B14	4	20	55	360
4-8	B38	4	40	50	38	4-32	CK17	2	135	500	535
4-9	B39	4	60	80	—	4-33	B19	4	—	—	45
4-10	CK20	2	—	—	—	4-34	B18	4	—	20	—
4-11	B25	4	—	—	—	4-35	CK19	2	30	25	80
4-12	B36	4	—	—	—	4-36	B23	4	—	10	—
4-13	CK14	2	—	—	25	4-37	CK23	2	80	100	—
4-14	B24	4	—	—	—	4-38	B12	4	—	80	—
4-15	B21	4	20	20	165	4-39	CK18	2	160	150	380
4-16	CK13	2	180	480	995	4-40	B35	4	—	—	—
4-17	B34	4	30	—	—	4-41	B32	4	—	—	—
4-18	B13	4	—	45	—	4-42	CK22	2	45	50	—
4-19	CK21	2	100	790	620	4-43	B15	4	60	60	—
4-20	B31	4	—	—	—	4-44	B44	4	—	—	—
4-21	B29	4	35	60	235	4-45	CK10	2	65	45	125
4-22	CK7	2	60	50	—	4-46	B27	4	10	10	40
4-23	B40	4	—	25	140	4-47	B43	4	—	—	—
4-24	B41	4	10	25	—	4-48	CK16	2	—	—	—

8.2.3　制种母树生长性状比较

对三倍体白桦种子园中四倍体母树主要生长性状调查发现(表8-4),在母树胸径生长量方面,31株母树生长量在0.64~2.42cm,生长量≥2.00cm的母树有8株,分别为B31、B23、B40、B38、B29、B25、B35和B28;对园中母树进行叶面积测量后发现,不同母树间叶面积差距较大,整体范围在34.26~84.09cm²,均值为54.58cm²,其中B15、B18、B19和B12等母树叶面积均超过80.00cm²。

表8-4　四倍体白桦母树的生长性状调查

母树位置	母树代码	胸径生长量/cm	叶面积/cm²	通直度	病虫害程度
4-2	B17	1.14	79.53	III	轻
4-3	B37	1.81	48.09	II	轻
4-5	B28	2.00	53.26	III	轻
4-6	B33	1.37	40.63	III	轻
4-8	B38	2.12	38.80	II	重
4-9	B39	1.22	34.26	I	中
4-11	B25	2.06	36.37	III	中
4-12	B36	1.61	40.59	I	轻
4-14	B24	1.02	57.96	III	中
4-15	B21	1.76	53.79	III	中
4-17	B34	0.87	41.62	I	重
4-18	B13	0.80	63.67	I	重
4-20	B31	2.42	66.72	III	中
4-21	B29	2.10	50.39	III	重
4-23	B40	2.19	53.24	I	中
4-24	B41	1.19	47.03	I	轻
4-25	B20	0.64	43.49	I	重
4-27	B7	1.58	78.34	II	轻
4-28	B42	1.68	47.30	I	轻
4-30	B30	1.46	50.60	III	中
4-31	B14	1.34	45.63	III	重
4-33	B19	1.57	81.03	III	重
4-34	B18	1.14	80.33	III	轻
4-36	B23	2.22	52.06	I	轻
4-38	B12	1.43	83.09	III	中

续表

母树位置	母树代码	胸径生长量/cm	叶面积/cm²	通直度	病虫害程度
4-40	B35	2.01	50.82	III	重
4-41	B32	1.41	48.73	III	重
4-43	B15	1.48	84.09	III	轻
4-44	B44	1.57	46.40	III	轻
4-46	B27	1.40	49.97	III	轻
4-47	B43	1.76	44.07	I	中

通直度指标是描述植株干形的具体指标,可将植株的生长状态量化表达。本研究通过对种子园中四倍体母树通直度调查发现,园中通直度为 I (无弯曲)的母树为 10 株,占参试整体的 32.26%;通直度为 II (略有一个明显的弯曲)的母树为 3 株,占参试整体的 9.68%;通直度为III(有 2 个或 2 个以上弯曲)的母树为 18 株,占参试整体的 58.06%。可见四倍体母树通直度情况较差,一半以上的母树均有明显弯曲。

从病虫害发生程度来看,园中病虫害程度为"轻"的四倍体母树有 13 株,占整体的 41.94%;病虫害程度为"中"的四倍体母树有 9 株,占整体的 29.03%;病虫害程度为"重"的四倍体母树有 9 株,占整体的 29.03%。

8.3　白桦母树材性性状比较

8.3.1　白桦母树材性性状方差分析及多重比较

本研究对参试母树进行了木材密度、纤维长、纤维长宽比、木质素含量、纤维素含量及综纤维素含量的测定(表 8-5),这些性状在母树间的差异均达到极显著水平。进而,对参试母树各性状进行多重比较发现(表 8-6、表 8-7),木材密度变幅在 0.31~0.51g/cm³,平均值为 0.38g/cm³,其中母树 CK14 木材密度最高,为均值的 1.34 倍;纤维长度变幅为 730~1040μm,平均值为 925μm,其中有 20 株母树纤维长高于均值,这些母树均为四倍体白桦母树;纤维长宽比在 52.43~78.46,均值为 60.53,大于均值的母树有 14 株,14 株母树中包括了 2 株二倍体母树;纤维素含量变幅为 40.08%~54.27%,均值为 48.75%,19 株母树的纤维素含量高于均值,其中 B30 母树表现最好,高出均值 11.32%;综纤维素含量变幅为 59.11%~75.43%,其含量在 70.00%以上的母树有 15 株;木质素含量变幅在 9.08%~16.03%,均值为 11.75%,有 18 株母树低于均值,其中 B40、B30、B43 母树的木质素含量在 10.00%以下。

表 8-5 白桦母树材性性状方差分析与遗传参数

性状	自由度	平均值	标准差	F	变异幅度
木材密度/(g/cm³)	33	0.38	0.05	3.380**	0.31～0.51
纤维长/µm	33	924.90	128.73	20.114**	730～1040
纤维长宽比	33	60.53	15.79	8.455**	52.43～78.46
木质素含量/%	33	11.75	1.88	7.712**	9.08～16.03
纤维含量/%	33	48.75	0.03	12.03**	40.08～54.27
综纤维素含量/%	33	69.32	3.77	11.279**	59.11～75.43

表 8-6 白桦母树木材密度、纤维长、纤维长宽比的多重比较

母树代码	木材密度/(g/cm³)	母树代码	纤维长/µm	母树代码	纤维长宽比
CK14	0.508±0.048a	B40	1040±131a	B39	78.46±14.75a
B23	0.462±0.164ab	B19	1033±129ab	CK17	73.75±12.21b
B40	0.432±0.055bc	B12	1028±78ab	B33	68.41±10.9c
CK17	0.428±0.050bcd	B35	1025±146ab	B42	67.81±10.49c
CK13	0.422±0.015bcde	B42	1016±93abc	B35	67.4±16.57cd
B39	0.414±0.015bcdef	B7	1009±121abcd	B19	67.18±3.07cd
B34	0.412±0.027bcdef	B30	1001±155abcde	B40	67.15±7.81cd
B15	0.411±0.046bcdef	B44	988±96abcdef	B21	65.46±11.22cde
B29	0.408±0.019bcdefg	B17	973±99bcdefg	B12	64.41±3.32cdef
B21	0.407±0.026bcdefg	B43	965±108cdefg	B31	63.14±4.80defg
B42	0.402±0.026bcdefg	B27	963±112cdefgh	B23	63.07±7.31defg
B14	0.401±0.030bcdefg	B32	958±98cdefgh	B27	62.98±5.56defg
B38	0.400±0.021bcdefg	B20	957±111cdefgh	B13	61.3±8.24efgh
B36	0.388±0.034bcdefgh	B28	956±103cdefgh	CK14	60.75±6.67fghi
B27	0.379±0.005cdefgh	B41	950±75defghi	B20	59.19±3.14ghij
B12	0.378±0.053cdefgh	B23	947±140defghi	B25	59.04±4.63ghij
B7	0.377±0.034cdefgh	B24	947±150defghi	B29	58.44±5.68hijk
B13	0.376±0.022cdefgh	B18	944±78efghij	B34	58.07±4.8hijk
B19	0.372±0.002cdefgh	B39	942±83efghij	B28	57.91±9.49hijk
B25	0.371±0.020cdefgh	B21	927±75fghijk	B41	57.53±6.96hijk
B33	0.368±0.021cdefgh	B14	920±65ghijkl	B30	57.41±3.49hijk
B41	0.363±0.022cdefgh	B15	919±80ghijkl	B14	57.38±7.58hijk
B28	0.360±0.020cdefgh	B25	918±98ghijkl	B24	57.28±4.30hijk
B43	0.355±0.028cdefgh	B37	903±74hijkl	B7	57.28±8.59hijk
B44	0.351±0.016cdefgh	B13	891±63ijklm	CK13	57.07±7.56hijkl
B17	0.347±0.080defgh	B33	884±90jklm	B43	56.04±5.74ijkl

续表

母树代码	木材密度/(g/cm³)	母树代码	纤维长/μm	母树代码	纤维长宽比
B18	0.340±0.011efgh	B36	875±85klm	B15	55.68±9.11jkl
B31	0.337±0.021fgh	B38	872±106klm	B17	55.26±5.45jkl
B30	0.334±0.018fgh	B34	866±73lm	B18	54.72±4.44jkl
B37	0.327±0.008gh	CK14	834±901m	B37	54.72±7.60jkl
B24	0.327±0.019gh	CK17	781±102n	B36	53.78±6.48kl
B35	0.326±0.053gh	B31	747±75n	B32	53.75±5.42kl
B20	0.310±0.015h	CK13	738±45n	B44	53.65±5.24kl
B32	0.310±0.036h	B29	730±97n	B38	52.43±4.54l
平均值	0.38±0.05	平均值	925±129	平均值	60.53±15.79

表 8-7　白桦母树纤维素含量、综纤维素含量、木质素含量的多重比较　　（单位：%）

母树位置	纤维素含量	母树位置	综纤维素含量	母树位置	木质素含量
B30	54.27±1.15a	B30	75.43±1.21a	B13	16.03±1.25a
B43	53.54±1.47ab	B43	74.38±1.43ab	B27	15.90±0.17a
B29	52.19±1.11abc	B29	74.10±0.95abc	B32	15.16±0.41ab
B32	51.83±0.12abcd	B32	73.60±0.88abcd	B17	13.59±0.06bc
B31	51.46±1.48abcde	B14	73.06±2.37abcde	B7	13.49±1.76bc
B18	51.71±1.54abcde	B31	72.40±1.65abcdef	B15	13.28±0.74bcd
B41	51.69±0.61abcde	B12	72.34±0.78abcdef	B24	13.07±2.14cde
B14	51.31±2.00bcdef	B18	72.12±1.43bcdef	B12	12.78±0.73cdef
B12	50.70±0.63bcdefg	CK13	71.80±0.26bcdefg	B19	12.56±0.46cdefg
B23	50.60±0.42bcdefg	B41	71.51±0.74bcdefgh	B33	12.32±0.86cdefgh
B21	50.52±0.63cdefg	CK14	71.31±1.70bcdefgh	CK13	12.27±0.41cdefgh
B17	50.50±0.09cdefg	B21	70.96±0.72cdefghi	B44	12.25±0.60cdefgh
CK14	50.35±1.81cdefgh	B17	70.41±0.28defghi	B21	11.87±0.23cdefghi
B35	49.95±1.23cdefghi	B38	70.36±1.80defghi	B42	11.85±0.56cdefghi
B38	49.63±1.45cdefghi	B39	70.33±0.89defghi	B34	11.85±0.85cdefghi
B40	48.97±1.60defghij	B40	69.79±1.72efghi	B20	11.81±1.33cdefghi
CK17	48.84±1.44defghij	B36	69.72±0.89efghij	B36	11.55±0.72cdefghij
B39	48.80±0.83defghij	B34	69.48±1.13fghijk	B25	11.55±0.87cdefghij
B36	48.78±0.91defghij	B35	69.46±1.44fghijk	CK17	11.28±1.18defghij
B34	48.74±1.02efghij	B37	69.18±0.86fghijkl	CK14	11.10±1.57efghij
B20	48.53±1.83fghijk	CK17	69.05±0.91ghijkl	B37	10.96±0.92fghijk
B37	48.36±0.59fghijk	B20	68.39±1.53ghijklm	B28	10.95±1.16fghijk
B44	48.22±0.99ghijk	B44	68.21±0.98hijklm	B23	10.87±0.83fghijk

母树位置	纤维素含量	母树位置	综纤维素含量	母树位置	木质素含量
CK13	48.04±1.40ghijk	B23	68.19±1.06hijklm	B39	10.63±0.64ghijk
B42	47.43±1.04hijk	B28	67.68±1.77ijklm	B35	10.46±1.41hijk
B19	47.08±1.36ijkl	B19	67.64±1.57ijklm	B18	10.33±1.19hijk
B28	46.35±1.43jklm	B7	66.26±1.72jklmn	B41	10.22±0.57ijk
B24	46.23±1.89jklm	B42	66.19±1.31klmn	B38	10.23±1.11ijk
B7	46.11±1.50jklm	B33	65.89±0.73lmn	B31	10.21±0.96ijk
B15	45.57±0.94klm	B24	65.77±1.93lmn	B29	10.16±0.85ijk
B33	44.47±0.76klm	B25	64.88±7.51mn	B14	10.06±1.07ijk
B25	44.02±5.59lm	B15	64.87±0.99mn	B40	9.99±1.71ijk
B13	42.48±1.15lm	B13	63.00±1.61n	B30	9.69±1.05jk
B27	40.08±0.72m	B27	59.11±1.02o	B43	9.08±0.92k
平均值	48.75±0.03	平均值	69.32±3.77	平均值	11.75±1.88

8.3.2 白桦母树材性性状遗传相关分析

各性状相关分析表明(表 8-8)，木质素含量与纤维素含量、综纤维素含量间存在着极显著的负相关关系，木材密度与纤维长度间呈显著负相关关系，综纤维素含量与纤维素含量间呈极显著正相关关系，其他性状间尚未存在明显的相关性。相关分析表明，木质素含量低的母树，其纤维素及综纤维素含量高；这种相关关系正是纸浆材的选育目标，并且可以进行联合选择。

表 8-8 白桦母树材性性状相关性分析

性状	木质素含量	综纤维素含量	纤维素含量	木材密度	纤维长	纤维长宽比
木质素含量	1	−0.570**	−0.574**	−0.081	0.111	−0.016
综纤维素含量		1	0.980**	−0.069	−0.099	−0.213
纤维素含量			1	−0.116	−0.059	−0.190
木材密度				1	−0.354*	0.335
纤维长					1	0.143
纤维长宽比						1

材性选育目标是以生长量大、干形通直、木材品质优良为基础的。因此，本研究采用模糊隶属函数法选择木材密度大、纤维长度长、纤维长宽比值高、综纤维素含量高、木质素含量低的母树为优良母树(表 8-9)。综合各项指标发现，B40、B39、B23、CK14、B30、B43、B12、B35、B42 和 B14 等 10 株母树材性表现较好，其木材密度、纤维长、纤维长宽比、综纤维素含量均值分别较群体均值高 5.72%、5.07%、5.72%、2.49%，木质素含量较群体均值降低了 9.33%。

表 8-9　白桦母树隶属函数值及综合评价

母树代码	隶属函数值	排序	综合评价	母树代码	隶属函数值	排序	综合评价
B40	0.74	1	优秀	B38	0.49	18	良好
B39	0.73	2	优秀	B34	0.48	19	良好
B23	0.64	3	优秀	B33	0.47	20	良好
CK14	0.62	4	优秀	B31	0.45	21	良好
B30	0.62	5	优秀	B7	0.45	22	良好
B43	0.61	6	优秀	B36	0.44	23	一般
B12	0.61	7	优秀	B44	0.44	24	一般
B35	0.61	8	优秀	B20	0.43	25	一般
B42	0.60	9	优秀	B25	0.43	26	一般
B14	0.60	10	优秀	B17	0.42	27	一般
B21	0.59	11	良好	CK13	0.42	28	一般
B19	0.58	12	良好	B37	0.42	29	一般
CK17	0.57	13	良好	B15	0.40	30	一般
B41	0.55	14	良好	B24	0.36	31	较差
B18	0.51	15	良好	B32	0.36	32	较差
B29	0.50	16	良好	B27	0.30	33	较差
B28	0.49	17	良好	B13	0.29	34	较差

　　白桦作为珍贵用材树种，具有生长快、适应性强、木材纹理直、结构细、耐腐朽等特点，是胶合板材生产的重要材料（刘宇等，2013；刘超逸等，2017）。20世纪 90 年代，白桦被列为科技攻关树种，育种专家对白桦的研究逐渐增多。但是林木生长周期较长，无法在短时间内获得明显增益的问题一直是白桦选育研究的瓶颈。直到近些年，白桦强化育种园的建立有效缩短了白桦育种周期，实现了野外条件下 17～20 年开花结实的白桦缩短为 2～3 年开花结实、4～5 年规模结实（杨传平等，2004），使白桦种子产量在短时间内大幅提升。这不仅为利用杂交方法选育白桦良种奠定坚实基础，同时也为白桦母树早期选择提供依据，有效加速了白桦高世代种子园的改良进程。随着白桦棚式种子园经营技术日趋成熟，育种团队希望能将杂交优势与倍性优势相结合，选育生物量更大、材质更为优良的白桦多倍体良种，由此构建了三倍体白桦种子园。目前，初达结实年龄的三倍体白桦种子园尚未能全园生产良种，并且园中四倍体母树开花结实情况、纤维材性性状良莠不齐，三倍体子代生长表现也差异明显。因此，有必要对三倍体白桦种子园建园母树进行进一步筛选，及时去劣留优，为改良代种子园建设提供参考。

　　在本研究中，通过连续 3 年对四倍体白桦母树的结实量比较后发现，三倍体白桦种子产量始终低于二倍体种子产量，究其原因主要认为四倍体母树的可育性低于二倍体母树。有研究表明，同源四倍体植物在配子形成过程中，每个同源组的 4 条染色体都会发生部分非均衡分离，从而造成同源四倍体的部分不育(朱军，2002)。例如，同源四倍体水稻(*Oryza sativa*)中存在高达86.65%的败育花粉粒(黄春梅等，1999)；同源四倍体甜橙(*Citrus sinensis*)的花粉活力仅为二倍体的63.38%(邓秀新等，1995)。本研究对7株同源四倍体白桦(Q12、Q13、Q14、Q19、Q33、Q34、Q103)的研究发现，四倍体中的非正常花粉粒比例较高，在77.36%~42.08%；而二倍体的非正常花粉粒仅为4.02%。采用离体琼脂培养法进行花粉萌发测定显示，四倍体花粉不仅萌发率极低，而且花粉萌发所需时间较二倍体花粉延迟12~24h(Lin et al.，2013a)。连续2年的控制授粉杂交研究结果显示，以同源四倍体白桦为父本与二倍体白桦杂交，均未获得可育种子，认为四倍体白桦的不育性主要体现在雄配子上，即♀$2x$×♂$4x$的种子全部败育(Lin et al.，2013a)。因此，同源四倍体白桦的有性繁殖主要通过雌配子($2n$)与雄配子(n)的结合形成三倍体子代($3n$)。

　　另外，从获得配子的角度来看，对于自由授粉种子园，花期同步则会增加自交概率，不利于子代品质提高。虽然白桦这一树种表现为自交不育，但仍然会降低自由交配的概率，从而影响子代的品质与产量。而在三倍体种子园中，仍存在四倍体母本与二倍体母本共同竞争雄配子的问题。经过调查发现，四倍体母树雌花盛花期普遍晚于二倍体母树，可以说明园中二倍体母树具有比四倍体更早获得雄配子的能力。因此，应选在园中增加若干二倍体雄花散粉期与雌花可授粉期不同步的单株，这类单株的存在可以增加单株间的随机交配，减少自交概率，为选育具优良遗传品质的单株提供有利条件。

　　综上所述，对于初建的三倍体白桦种子园应采取以下几个技术措施以促进母树开花结实量的增加：首先，应结合种子园实际情况，由于棚式种子园自然风媒传粉能力较弱，所以在每年园中雄花散粉时间段内应利用鼓风机等器具进行辅助授粉，使四倍体母树能够充分接受花粉，另外，应选取部分雄花序量较大且散粉期较晚的二倍体母树充当授粉植株在授粉时期补充进园内以增加雄配子数量，同时可有效提高四倍体母树获得雄配子的概率；其次，可利用植物激素及其类似物对植株进行处理以促进其生长发育，如赤霉素GA_3、GA_{4+7}等(岳川等，2012；刘宇等，2017c)；最后，还应配合合理修枝、采用配方施肥改良土壤等技术手段加以辅助(刘福妹等，2015)。

8.4　白桦母树三萜类化合物含量比较

8.4.1　白桦母树三萜类化合物的测定方法评价

　　以三倍体白桦种子园中29株四倍体白桦(*Betula platyphylla*)和9株四倍体杂种白桦(*B. platyphylla*×*B. pendula*)母树为材料，测定其树皮中的白桦脂酸、白桦脂醇和齐墩果酸3种三萜类化合物。根据标准工作液目标峰峰面积和相应物质浓度建立标准曲线方程，结果显示，在一定范围内，3种三萜类化合物的标准曲线线性关系良好（$R^2 \geqslant 0.999$）。3 种物质保留时间相对标准偏差均≤0.05%，峰面积相对标准偏差均小于 0.4%，而 48h 内，6 次测定的结果显示，3 种三萜类化合物含量相对标准偏差均小于 1%，样品稳定性良好。测定方法的加标回收率从白桦脂酸、齐墩果酸和白桦脂醇依次为 101.5%、105.2%和 102.4%，满足分析需要。结果见表 8-10，色谱图见图 8-4。

表 8-10　三萜类化合物含量标准曲线方程、检测限（LOD）及定量限（LOQ）

分析化合物	标准曲线方程	R^2	线性范围/(μg/ml)	LOD/(μg/ml) (S/N=3/1)	LOQ/(μg/ml) (S/N=10/1)
白桦脂酸	$Y=3.77\times10^4x-2.33\times10^4$	0.9999	2.5～150	1.016	1.944
齐墩果酸	$Y=1.68\times10^4x-3.49\times10^4$	0.9999	10～600	2.970	5.054
白桦脂醇	$Y=1.72\times10^4x-4.80\times10^4$	0.9999	25～1500	3.663	5.698

注：Y 为相应峰峰面积；x 为参比化合物含量（μg/ml）；R^2 为标准曲线方程决定系数；S/N 为信噪比

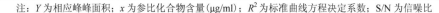

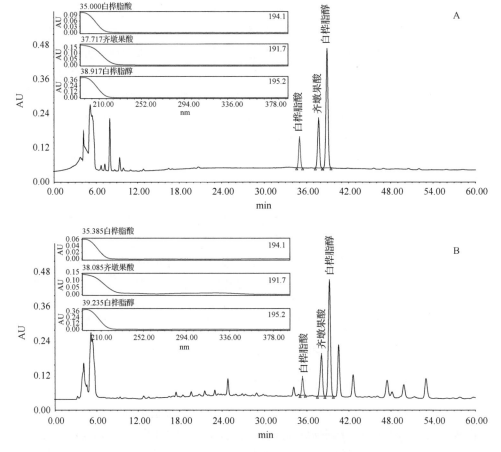

图 8-4　白桦三萜化合物含量色谱图（彩图请扫封底二维码）

A. 典型标准工作液色谱图；B. 典型四倍体白桦样品色谱图

8.4.2 白桦母树三萜类化合物含量

根据已建立的色谱条件和分析方法，对 38 个样品中 3 种三萜(白桦脂酸、齐墩果酸和白桦脂醇)含量进行检测。Kolmogorov-Smirnov 单样本非参数检验发现，P 值均大于 0.05，即 3 种三萜类化合物的含量都呈近似正态分布。

白桦脂酸的测定显示，白桦和杂种白桦树皮中白桦脂酸平均含量分别为 3.299mg/g 和 5.016mg/g。为了更好地研究 2 种白桦中白桦脂酸的分布规律，本研究利用 sm 和 vioplot 包构建了小提琴图(图 8-5)，结果显示，中国白桦树皮中白桦脂酸的含量呈近似正态的正偏分布，多数个体分布在(2 ± 1)mg/g 范围内，在正偏方向有部分个体含量超过了上须的延伸极限，说明可能存在含量显著高于其余个体的单株；而杂种白桦中白桦脂酸的含量则呈近似正态分布，多数个体分布在(5 ± 1)mg/g 范围内。对比两者的分布情况，中国白桦白桦脂酸含量的中位数、上四分位数和下四分位数均低于对应的杂种白桦含量参数。核密度估计也显示，较中国白桦而言，杂种白桦概率密度函数分布峰值对应白桦脂酸含量较高，说明二者可能存在显著差异。对 2 种四倍体样本中白桦脂酸含量进行 t 检验，其 Levene 方差齐性检验 F 统计量的 P 值为 0.750，远大于 0.05，故不能否定方差相等的假设。t 检验的结果显示，白桦脂酸含量的 P 值为 0.087，即在 0.05 的显著水平上，2 种四倍体白桦脂酸含量没有显著差异；但在 0.10 的显著水平上，两者存在显著差异(表 8-11)。由于各组样本量相同，故直接对 38 个样本个体白桦脂酸含量进行方差分析，并在 $P=0.05$ 显著水平上利用 Puncan 法进行多重比较，结果显示白桦个体

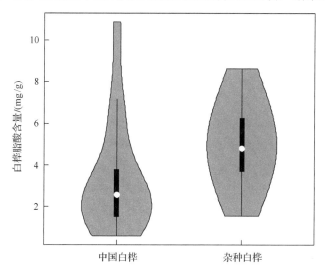

图 8-5 2 种四倍体白桦树皮中白桦脂酸含量小提琴图

小提琴图是核密度图以镜像方式在箱线图上的叠加。图中，白点为中位数，黑色盒型的范围是下四分位点到上四分位点，细黑线表示须，外部形状即核密度估计

间白桦脂酸含量差异极大（$P<0.01$），其中 4126、4125、4202、4122 和 4208 中白桦脂酸含量显著高于其余个体，而 4110 中白桦脂酸的含量最低，仅为 0.570mg/g（表 8-12、表 8-13）。

表 8-11　　四倍体白桦母树三萜化合物含量独立样本 t 检验

化合物	方差方程的 Levene 方差齐性检验		均值方程的 t 检验				
	F	P	t	自由度	P（双侧）	均值差值	标准误差
白桦脂酸	0.103	0.750	−1.760	36	0.087	−1.717	0.976
齐墩果酸	0.167	0.685	−3.649	36	0.001	−5.356	1.468
白桦脂醇	0.492	0.488	−1.696	36	0.099	−18.227	10.747

表 8-12　　四倍体白桦母树三萜化合物含量方差分析

化合物	平方和	自由度	均方	F
白桦脂酸	766.703	37	20.722	116.971**
齐墩果酸	2189.483	37	59.175	52.13**
白桦脂醇	92525.885	37	2500.7	176.304**

表 8-13　　四倍体白桦母树三萜化合物含量及综合评价

编号	亚种	白桦脂酸/(mg/g)	齐墩果酸/(mg/g)	白桦脂醇/(mg/g)	胸径/cm	树高/m
4101	白桦	2.996±0.047ijklm	10.257±0.216ijk	14.542±0.103nop	3.80	3.17
4102	白桦	1.582±0.021opqr	6.489±0.181lmn	14.428±0.236nop	4.87	4.37
4103	白桦	6.201±1.149e	10.857±1.982hij	43.343±7.031g	4.43	5.53
4104	白桦	2.582±0.502klmnop	7.961±1.255jkl	33.333±2.918hij	4.90	4.83
4105	白桦	1.269±0.361qr	5.312±0.271mn	8.647±0.199pq	5.07	4.30
4106	白桦	4.203±0.276fgh	8.093±0.417jkl	38.940±1.893gh	4.47	4.30
4107	白桦	1.109±0.197qr	5.750±1.129lmn	11.276±1.297pq	4.40	3.87
4108	白桦	1.827±0.130nopq	7.690±0.341klm	12.276±0.222opq	4.60	5.00
4109	白桦	3.776±0.731ghi	10.001±2.267ijk	27.462±5.080jkl	4.00	3.53
4110	白桦	0.570±0.178r	5.803±0.767lmn	3.913±0.477q	4.00	4.23
4111	白桦	1.881±0.300nopq	8.432±1.412jkl	16.854±2.329mnop	4.53	4.70
4112	白桦	1.298±0.335qr	8.304±1.412jkl	14.112±2.352nop	4.00	4.07
4113	白桦	2.671±0.182jklmno	9.524±0.373ijk	25.682±1.113jklm	5.33	5.83
4114	白桦	3.010±0.040ijklm	5.229±0.167mn	23.893±0.219jklmn	4.43	4.20
4115	白桦	1.121±0.320qr	4.018±0.729n	10.486±1.657pq	4.90	5.13

续表

编号	亚种	白桦脂酸/(mg/g)	齐墩果酸/(mg/g)	白桦脂醇/(mg/g)	胸径/cm	树高/m
4116	白桦	2.647±0.091jklmno	8.431±0.279jkl	23.815±1.221jklmn	4.80	4.07
4117	白桦	1.046±0.167qr	5.228±0.212mn	8.705±0.151pq	5.10	5.27
4118	白桦	1.522±0.076pqr	10.415±1.531ijk	10.465±0.853pq	4.03	5.00
4119	白桦	1.987±0.412mnopq	9.921±1.533ijk	11.699±1.772opq	4.80	3.77
4120	白桦	1.239±0.095qr	8.123±0.538jkl	15.161±1.486nop	4.00	4.17
4121	白桦	2.085±0.074lmnopq	10.834±0.140hij	21.433±0.365klmno	7.20	6.27
4122	白桦	7.262±0.154d	13.526±0.115defgh	107.434±4.428a	6.80	4.00
4123	白桦	6.324±0.334e	19.039±1.466b	59.249±0.592de	7.30	4.50
4124	白桦	3.326±0.130hijk	16.253±0.163c	36.582±0.668ghi	7.00	4.40
4125	白桦	10.002±0.147b	15.846±0.664cd	72.175±0.495c	7.83	3.77
4126	白桦	10.892±0.150a	12.034±0.227fghi	106.069±2.324a	7.33	4.00
4127	白桦	3.141±0.092ijkl	14.853±1.090cde	30.258±1.603ijk	5.80	4.10
4128	白桦	2.027±0.073mnopq	12.086±0.013fghi	30.188±0.279ijk	7.20	3.70
4129	白桦	6.074±0.68 e	11.879±1.368ghi	104.988±12.402a	6.33	3.53
4201	杂种白桦	4.387±0.264fg	8.147±0.378jkl	41.758±2.125gh	3.93	4.87
4202	杂种白桦	8.655±0.578c	22.642±1.206a	89.363±6.302b	4.10	5.27
4203	杂种白桦	3.703±0.695ghij	13.188±1.572efgh	41.500±5.041gh	3.90	4.13
4204	杂种白桦	6.250±0.130e	20.739±0.179b	64.732±0.784d	4.70	5.53
4205	杂种白桦	1.558±0.261opqr	14.140±0.753cdefg	18.296±1.243lmnop	4.47	5.37
4206	杂种白桦	2.730±0.134jklmn	14.657±0.664cdef	26.753±1.203jkl	4.47	5.50
4207	杂种白桦	4.800±1.028f	12.150±1.970fghi	56.123±10.406ef	5.03	5.17
4208	杂种白桦	7.213±0.194d	16.435±0.881c	64.898±0.691d	4.43	4.90
4209	杂种白桦	5.847±1.002e	13.682±2.208defg	51.542±7.895f	4.33	4.90

　　齐墩果酸的测定显示，中国白桦和杂种白桦树皮中齐墩果酸平均含量分别为 9.731mg/g 和 15.087mg/g。图 8-6 显示，2 种白桦树皮中齐墩果酸含量分布均呈略 微正偏的近似正态分布，其中中国白桦齐墩果酸含量多集中分布在 (9±3)mg/g 范 围内，而杂种白桦则多分布在 (14±3)mg/g 范围内。对比两者的分布情况，中国白 桦齐墩果酸含量的最小值、下四分位数、中位数、上四分位数及最大值均较杂种 白桦低。核密度估计也显示，较中国白桦而言，杂种白桦概率密度函数分布峰值 对应齐墩果酸含量较高，说明二者可能存在显著差异。对样本中齐墩果酸含量进 行 t 检验，结果显示，其 Levene 方差齐性检验 F 统计量的 P 值为 0.685，远大于

0.05，不能否定方差相等的假设。齐墩果酸含量的 P 值等于 0.001，小于 0.01，说明 2 种不同四倍体白桦树皮中齐墩果酸含量差异极显著(表 8-13)。方差分析和多重比较的结果表明，白桦个体间齐墩果酸含量差异也极显著($P<0.01$)，其中 4202、4204 和 4123 中齐墩果酸含量显著高于其余单株，而 4115 中齐墩果酸的含量最低，为 4.018mg/g(表 8-12、表 8-13)。

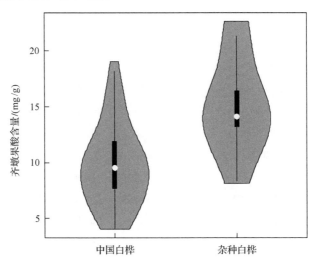

图 8-6　2 种四倍体白桦树皮中齐墩果酸含量小提琴图

　　白桦脂醇的测定显示，中国白桦和杂种白桦树皮中白桦脂醇的平均含量分别为 32.324mg/g 和 50.552mg/g。图 8-7 显示，2 种白桦树皮中白桦脂醇含量分布与白桦脂酸含量分布高度相似，中国白桦中白桦脂醇含量呈近似正态的正偏分布，多数个体分布在(20±10)mg/g 范围内，在正偏方向上也有超过上须延伸极限的极高值；而在杂种白桦中则呈近似正态分布，多数个体分布在(50±10)mg/g 范围内。对比两者的分布情况，中国白桦中白桦脂醇含量的中位数、上四分位数和下四分位数均较对应的杂种白桦低。核密度估计也显示，较中国白桦而言，杂种白桦概率密度函数分布峰值对应白桦脂醇含量较高，同样说明二者可能存在显著差异。白桦脂醇的 t 检验结果显示，其 Levene 方差齐性检验 F 统计量的 P 值为 0.488，远大于 0.05，不能否定方差相等的假设。白桦脂醇含量的 P 值为 0.099，大于 0.05 但小于 0.01，同样说明在 0.05 的显著水平上，2 种四倍体白桦中白桦脂醇含量没有显著差异；但在 0.10 的显著水平上，两者存在显著差异(表 8-11)。与白桦脂酸和齐墩果酸类似，方差分析和多重比较的结果显示，白桦个体间白桦脂醇含量差异极显著($P<0.01$)，其中 4122、4126、4129、4202 和 4125 白桦脂醇含量显著高于其余单株，而 4110 中白桦脂醇含量最低，仅为 3.913mg/g(表 8-12、表 8-13)。

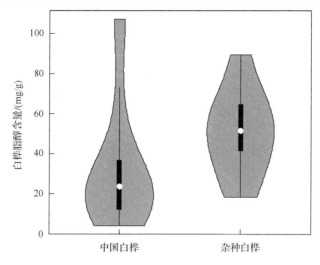

图 8-7　2 种四倍体白桦树皮中白桦脂醇含量小提琴图

对图 8-5、图 8-6 和图 8-7 观察发现，同一白桦亚种中 3 种三萜化合物含量分布核密度估计曲线存在一定的相似性，尤其是图 8-5 和图 8-7，具有高度相似性，因此 3 种三萜化合物间可能存在一定的相关性。对 3 种三萜化合物含量进行相关性分析(表 8-14)，发现三萜类化合物含量间均极显著正相关，其中白桦脂酸和白桦脂醇间的相关系数最高，为 0.911，而白桦脂醇和齐墩果酸间的相关系数最低，为 0.631。

表 8-14　四倍体白桦母树三萜化合物含量相关分析

化合物	白桦脂酸	齐墩果酸	白桦脂醇
白桦脂酸	1	0.660[**]	0.911[**]
齐墩果酸		1	0.631[**]
白桦脂醇			1

8.4.3　白桦母树三萜类化合物含量综合评价及优良母树选择

就单纯高产三萜白桦单株的选择而言，仅需根据测定结果，挑选 3 种三萜类化合物含量均较高的单株即可。为了直观形象地表示各单株三萜类化合物含量，本研究利用 stars 函数构建了各白桦单株三萜类化合物含量星相图(图 8-8)。图中每个小三角形表示一棵白桦单株，小三角形每个角表示一种三萜类化合物，角线的长度表示三萜类化合物含量的多少(数据已归一化)。因此，三角形面积的大小即可表示 3 种三萜类化合物总含量的多少，而三角形的形状则表示三萜类化合物含量的偏重，如正三角形表示该单株所含 3 种三萜类化合物较为平衡；如某个角的角度较大，则该角所代表的三萜类化合物在该单株中含量较低；如某个角的角度较小，则该角所代表的三萜类化合物在该单株中含量较高。图 8-8 显示，4125、4126 和 4202 等面积较大，三萜类化合物总含量较高；而 4105、4107、4110、4115 和 4117 等面积较小，三萜类化合物总含量较低；4125、4202 和 4208 等近似正三角形，说明其 3 种三萜类化合物含量较为平衡；而 4126 虽然面积较大，但其表示齐墩果酸含量的角线较短，说明与另 2 种白桦三萜相比，该单株齐墩果酸含量相对较低。

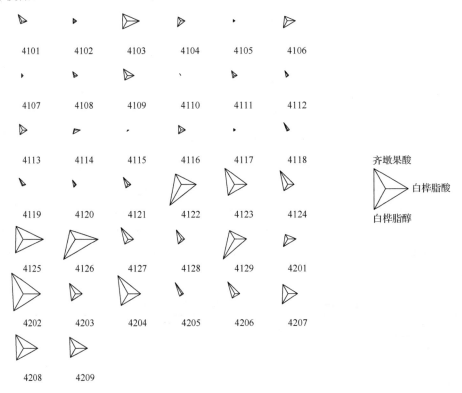

图 8-8　四倍体白桦母树 3 种三萜化合物含量星相图

星相图是一种显示多变量数据集的分类图。图中每个观测单位的数值(本图为各白桦单株)表示为一个图形(本图为每个小三角形)，每个图的每个角表示一个变量(本图为白桦脂酸、齐墩果酸和白桦脂醇的含量)，角线的长度表示值的大小(数据已归一化)

　　考虑到实际生产中，木材生产是白桦培育最重要的用途之一，因此在优树选择时同时引入树高、胸径等与木材产量相关的其他指标，并采用因子分析的方法对这 38 个白桦单株进行综合评价。KMO 检验和 Bartlett 球形检验结果显示，KMO=0.708，$P<0.01$，即各变量间存在显著的相关性，可以进行因子分析。为了简化计算且更多地解释原有变量信息，设置提取因子为 3。结果显示，其变量共同度均大于 75%，3 个公因子对方差的累计解释等于 90.776%，完全满足了分析需要，其中第 1 公因子更能代表白桦脂酸、齐墩果酸和白桦脂醇含量等 3 个变量，

第 2 公因子更能代表胸径大小，而第 3 公因子则能更好地代表树高这一变量。最终的因子得分系数矩阵见表 8-15，其中

$$F_1 = 0.415 \times 白桦脂酸含量 + 0.394 \times 齐墩果酸含量 + 0.379 \times 白桦脂醇含量$$
$$- 0.226 \times 胸径 - 0.018 \times 树高$$

$$F_2 = -0.099 \times 白桦脂酸含量 + 0.211 \times 齐墩果酸含量 - 0.120 \times 白桦脂醇含量$$
$$+ 0.077 胸径 + 0.942 \times 树高$$

$$F_3 = -0.111 \times 白桦脂酸含量 - 0.168 \times 齐墩果酸含量 - 0.026 \times 白桦脂醇含量$$
$$+ 1.083 \times 胸径 + 0.074 \times 树高$$

最后，以各公因子的方差贡献率为权重，得到白桦单株综合评价公式为：

$$zF = 48.620\% \times F_1 + 21.080\% \times F_2 + 21.075\% \times F_3$$

其中，中国白桦和杂种白桦得分最高的前 3 个单株分别为：4202、4204、4208 与 4126、4125、4123；而得分最低的前 3 个单株分别为：4110、4107、4101 与 4203、4201、4205。

表 8-15　因子得分系数矩阵

因子	F_1	F_2	F_3
白桦脂酸	0.415	−0.099	−0.111
齐墩果酸	0.394	0.211	−0.168
白桦脂醇	0.379	−0.120	−0.026
胸径	−0.226	0.077	1.083
树高	−0.018	0.942	0.074
方差/%	48.620	21.080	21.075

本试验采用高效液相色谱（HPLC）法，测定了 2 种四倍体白桦树皮中 3 种三萜化合物含量，结果显示，该色谱条件可以很好地分离、测定这 3 种物质。初步估计出 2 种白桦树皮中三萜类化合物含量存在显著差异，进一步的 t 检验的结果证明，2 种四倍体白桦树皮中 3 种三萜化合物的含量存在显著差异，其中杂种白桦的三萜类化合物含量显著高于中国白桦。这可能是由于异源多倍体或杂种的同源多倍体具有杂种优势，增加了白桦三萜类化合物等次生代谢物的产量，从一个侧面反映出了杂种优势不仅体现在普通二倍体植株上，在多倍体育种中也有相同表现（Madlung，2013；王遂等；2015）。进一步分析发现其概率密度函数分布范围较广，说明白桦三萜类化合物在不同个体间存在巨大差异。其中，中国白桦树皮中白桦脂酸、齐墩果酸和白桦脂醇的个体含量最大值分别是最小值的 19.1 倍、4.7

倍和 27.5 倍，而杂种白桦树皮中白桦脂酸、齐墩果酸和白桦脂醇的个体含量最大值分别是最小值的 5.6 倍、2.8 倍和 4.9 倍。许多研究者的研究也发现，多倍体间次生代谢产物含量差异较大(Jesus-Gonzalez and Weathers，2003；Caruso et al.，2011；Wang et al.，2015)。这也从另一个侧面反映出植物次生代谢产物合成代谢途径的复杂性。而通过比较，本研究发现不同三萜类化合物在同一白桦亚种中分布的核密度曲线具有一定的相似性，据此推断 3 种三萜类化合物间具有一定的相关性。相关性分析也显示，白桦脂酸和白桦脂醇间相关程度最高，而白桦脂醇和齐墩果酸间相关程度最低。这可能是由于在五环三萜化合物的合成途径中，白桦脂醇和白桦脂酸是由 2,3-氧化角鲨烯(2,3-oxidosqualene，2,3-OSC)在羽扇醇合酶(lupeol synthase，LUS)催化下逐步合成的，白桦脂醇为白桦脂酸的前体，两者间具有密切的关系，而齐墩果酸则是 2,3-氧化角鲨烯在 β-香树酯醇合酶(β-amyrin synthase，β-AS)催化下生成的，与前者分属不同的合成途径，联系较弱(Becker et al.，1988)。

9 四倍体白桦子代测定

半同胞与全同胞家系子代测定是林木种子园改良的主要环节之一(钮世辉等，2012；徐焕文等，2013a)。根据种子性状及苗期、幼林龄时期生长性状的遗传测定结果，既可以对产种母树进行反向选择，作为建园母树去劣留优的依据，也可以用于正向选择，即在子代优良家系中选择优良个体，为高世代遗传改良提供育种材料。这对于刚刚建成的三倍体白桦种子园尤为重要，只有尽早淘汰种子活力低、苗期生长性状差的四倍体母树，才能不断提高三倍体种子园子代的遗传品质及产量。

9.1 四倍体白桦半同胞家系种子活力与苗期生长

9.1.1 半同胞家系种子性状及苗期生长的遗传变异分析

参试家系来自三倍体白桦种子园中的 18 株四倍体母树及 5 株二倍体母树。于2011 年 7 月末采种(表 9-1)，部分种子用于种子性状测定，测定指标为种子千粒重、发芽势、发芽率及活力指数。其余种子于 2012 年 4 月育苗，采用完全随机区组设计，3 次重复，每个小区 50 株，当年 9 月末待苗木封顶后测定苗高和地径。

表 9-1 参试白桦半同胞家系的母树代码

四倍体母树			二倍体母树
B2	B8	B16	CK1
B3	B9	B17	CK3
B4	B12	B19	CK4
B5	B13	B23	CK5
B6	B14	B25	CK6
B7	B15	B26	

对参试的 18 个三倍体白桦家系和 5 个二倍体白桦家系的种子千粒重、发芽率、发芽势、活力指数及生长性状进行方差分析及主要遗传参数分析，结果见表 9-2、表 9-3，各性状在不同家系间的差异均达到极显著水平，并且各性状的家系遗传力(H^2)均在 0.88 以上，属于高度遗传，说明各性状受环境影响较小。6个性状中地径的变异系数最小，为 7.41%，发芽率、苗高及种子千粒重的变异系数较地径高，分别为 9.35%、13.52%和 19.99%，而种子发芽势及活力指数的变

异系数较大，分别为 89.11%、83.76%，说明种子活力在家系间的变异丰富，以此开展选择的潜力大。

表 9-2　家系间种子千粒重、发芽势、发芽率、活力指数的方差分析

性状	自由度	均方	F
千粒重	22	15 519.273	75.661**
发芽势	22	0.114	41.651**
发芽率	22	0.147	57.520**
活力指数	22	371.551	49.355**
苗高	22	277.018	20.045**
地径	22	0.440	8.341**

表 9-3　家系间种子千粒重、发芽势、发芽率、活力指数的主要遗传参数

性状	标准差	均值	变幅	变异系数/%	家系遗传力
千粒重/mg	71.83	359.33	214.00~546.00	19.99	0.9868
发芽势/%	15.30	17.17	2.00~62.00	89.11	0.9760
发芽率/%	2.15	23.01	2.00~70.00	9.35	0.9826
活力指数	11.19	13.36	0.67~39.44	83.76	0.9797
苗高/cm	9.95	73.58	49.23~96.30	13.52	0.9501
地径/mm	0.42	5.70	4.84~6.67	7.41	0.8801

9.1.2　家系间种子千粒重、种子活力性状的多重比较分析

由于各家系间种子性状差异显著，进而进行多重比较。其结果表明（表 9-4、表 9-5），三倍体家系的平均种子千粒重较二倍体家系高 22.42%，其中 B15、B16、B12、B6、B4 显著高于其他三倍体及二倍体家系，分别是 5 个二倍体家系均值的 2 倍、1.85 倍、1.78 倍、1.73 倍、1.72 倍。其次是 B17、B8 家系，其均值为 391.67mg，较二倍体家系均值高 51.6%。在二倍体家系中，千粒重最重的是 CK6，达到 352mg，显著高于其他二倍体。由千粒重的变异系数分析可知，B6、B17、B3、B5、B2 和 CK1 六个家系的变异系数均小于 2.00%，说明其种子重量差异较小；而 B12、CK4、CK5 三个家系的变异系数均在 5.00%以上，说明这些家系的种子重量差异较大，整齐度较差。虽然三倍体家系种子平均千粒重较二倍体重，但三倍体家系中也有种子千粒重较轻者，二倍体家系中也有较重者，这些丰富变异为进一步选择提供了物质基础。

表 9-4 白桦种子千粒重和发芽势的变异及多重比较

家系	千粒重			家系	发芽势		
	均值/mg	变幅/mg	变异系数/%		均值/%	变幅/%	变异系数/%
B15	520.00±23.07a	502~546	4.44	B15	56.67±5.51a	51~62	9.72
B16	478.33±18.56b	459~496	3.88	CK4	49.67±4.51a	45~54	9.08
B12	461.00±31.00bc	430~492	6.72	CK6	41.00±4.58b	37~46	11.18
B6	448.67±3.51c	445~452	0.78	CK5	30.67±9.29c	20~37	30.30
B4	445.00±17.00c	428~462	3.82	CK3	27.00±0.00cd	27~27	0.00
B17	394.00±6.56d	387~400	1.66	B7	24.00±5.29cde	18~28	22.05
B8	389.33±15.63d	375~406	4.01	B19	23.00±5.57cdef	18~29	24.21
B3	373.67±7.10de	366~380	1.90	B4	20.00±3.00def	17~23	15.00
B14	361.33±12.10ef	352~375	3.35	B16	18.67±3.51ef	15~22	18.81
B26	359.00±9.64ef	352~370	2.69	B12	16.00±7.00fg	11~24	43.75
CK6	352.00±14.53efg	337~366	4.13	B13	12.00±2.00gh	10~14	16.67
B9	343.00±9.54fgh	337~354	2.78	B14	12.00±3.61gh	9~16	30.05
B7	341.67±12.06fghi	329~353	3.53	B25	10.00±4.36ghi	5~13	43.59
B19	330.33±11.59ghij	317~338	3.51	B6	8.67±1.16hij	8~10	13.32
B5	326.00±5.29ghij	320~330	1.62	B2	8.33±1.53hij	7~10	18.34
B2	318.00±3.00hijk	315~321	0.94	B26	6.33±2.08ijk	4~8	32.89
CK3	316.00±7.00ijkl	311~324	2.22	B8	5.67±2.52ijk	3~8	44.39
CK4	312.00±20.52jkl	292~333	6.58	B9	5.67±2.52ijk	3~8	44.39
B13	305.33±9.07jklm	295~312	2.97	CK1	5.33±0.58ijk	5~6	10.83
B23	297.67±13.32klm	283~309	4.47	B5	4.33±1.53jk	3~6	35.29
B25	291.00±7.94lm	285~300	2.73	B17	3.67±1.16k	3~5	31.47
CK5	285.67±24.13m	259~306	8.45	B23	3.67±1.53k	2~5	41.63
CK1	215.67±2.89n	214~219	1.34	B3	2.67±0.58k	2~3	21.61

表 9-5 白桦种子发芽率和活力指数的变异及多重比较

家系	发芽率			家系	活力指数		
	均值/%	变幅/%	变异系数/%		均值/%	变幅/%	变异系数/%
B15	66.67±3.51a	63~70	5.27	B15	37.62±1.82a	35.79~39.44	4.84
CK4	53.67±5.51b	48~59	10.26	CK4	34.51±3.43ab	31.53~38.25	9.93
CK6	46.33±3.22b	44~50	6.94	CK6	31.55±4.26b	27.44~35.96	13.51
CK5	37.67±10.21c	26~45	27.11	CK3	24.21±4.43c	19.24~27.75	18.31
B12	36.33±2.08c	34~38	5.73	CK5	24.16±7.86c	15.83~31.45	32.54

家系	发芽率			家系	活力指数		
	均值/%	变幅/%	变异系数/%		均值/%	变幅/%	变异系数/%
B19	35.33±7.77cd	29～44	21.98	B12	22.71±1.77cd	20.72～24.10	7.79
B7	35.00±2.65cd	33～38	7.56	B16	19.35±0.40cd	19.04～19.79	2.06
CK3	34.00±2.65cd	31～36	7.78	B7	18.20±3.75de	14.62～22.09	20.59
B4	27.67±4.16d	23～31	15.05	B4	14.31±1.92ef	12.15～15.86	13.45
B14	27.67±2.31d	25～29	8.34	B19	14.22±1.94ef	12.27～16.15	13.63
B16	26.67±4.73de	23～32	17.72	B14	12.14±1.07fg	10.99～13.09	8.78
B13	19.67±2.31e	17～21	11.74	B13	9.00±1.32gh	7.56～10.17	14.71
B6	13.33±3.06f	10～16	22.92	B6	6.46±2.46hi	3.83～8.72	38.11
B25	10.67±3.22fg	7～13	30.13	B26	5.23±1.20hi	4.46～6.61	22.98
B2	10.00±1.00fgh	9～11	10.00	B25	5.11±1.99hi	3.90～7.41	39.01
B9	9.33±3.06fghi	6～12	32.74	B8	4.51±3.06hi	1.52～7.64	67.84
B26	8.33±1.53fghi	7～10	18.34	B9	4.50±0.89hi	3.51～5.24	19.78
B8	6.33±3.51ghij	3～10	55.48	CK1	4.43±0.79hi	3.87～5.33	17.76
B23	5.67±3.22hij	2～8	56.70	B17	4.04±1.83hi	2.32～5.96	45.34
CK1	5.67±0.58ghij	5～6	10.18	B2	3.70±0.33i	3.33～3.96	8.84
B5	5.33±2.31hij	4～8	43.32	B23	3.00±2.03i	0.67～4.32	67.50
B17	5.00±2.00ij	3～7	40.00	B3	2.40±0.58i	1.74～2.82	24.12
B3	3.00±1.00j	2～4	33.33	B5	2.01±0.80i	1.53～2.93	39.68

虽然三倍体家系种子平均千粒重较二倍体重，但其种子发芽势普遍较二倍体小，尽管在 23 个家系中发芽势最高的是三倍体家系 B15，达到 56.67%，并与除 CK4 家系之外的其他家系差异显著，然而该家系在三倍体家系中是唯一一个最高者，发芽势排在前 5 名的家系中除了 B15 外其他 4 个家系均为二倍体。18 个三倍体平均值为 13.40%，而二倍体对照平均值为 30.73%。家系间种子发芽势的变异系数在 0.00～0.44，在发芽势较高的前 5 个家系中，除了 CK5 的变异系数较高外，其他家系均在 10.00% 左右，说明多数发芽势高的家系，种子萌发较整齐一致；变异系数超过 40.00% 的家系均为三倍体，分别为 B12、B25、B8、B9、B23，这些家系的发芽势在 3.00%～16.00%，说明这些家系的种子萌发整齐度较差。

由于种子的活力指数与发芽势关系密切，因此各家系的种子活力指数的多重比较结果与发芽势类似。依然是 B15 家系的种子活力指数最高，且显著高于除 CK4 外的全部家系，排名前 5 的家系除了 B15 为三倍体外，其他 4 个家系依然是二倍体家系。与种子发芽势多重比较相比，种子活力指数的多重比较仅是少数家系的排列顺序略有变化，但总体趋势基本相同。

9.1.3　家系间苗期生长性状的比较

对家系间苗高与地径性状进行多重比较(表 9-6),结果表明,CK1、CK3、CK4等二倍体家系苗高排在前三位,其中最高的 CK1 为 95.13cm,与其他家系差异达到了显著水平,该家系苗高较其他 22 个家系均值高 31.04%;虽然三倍体家系的苗高普遍较二倍体低,但在四倍体家系中尚有 B8、B16、B4、B9、B3、B15、B25、B19、B5 等 9 个家系苗高表现较好,这 9 个家系的均值为 77.46cm,显著高于 CK5、CK6 均值的 36.13%。

表 9-6　白桦家系间苗高、地径的遗传变异比较

家系	苗高			家系	地径		
	均值/cm	变幅/cm	变异系数/%		均值/mm	变幅/mm	变异系数/%
CK1	95.13±1.88a	92.97~96.30	1.97	B8	6.41±0.12a	6.29~6.53	1.88
CK3	88.00±5.00b	82.77~92.73	5.68	B19	6.34±0.32ab	6.04~6.67	4.99
CK4	84.58±4.25bc	80.40~88.90	5.03	B3	6.20±0.34abc	5.84~6.50	5.40
B8	80.96±1.26cd	80.07~82.40	1.56	CK1	6.10±0.04abcd	6.05~6.13	0.68
B15	80.28±3.13cde	76.73~82.63	3.89	B7	6.04±0.20abcde	5.85~6.24	3.24
B19	79.14±2.41cdef	76.42~81.00	3.04	B17	5.92±0.02bcdef	5.91~5.94	0.26
B16	77.32±3.27defg	74.50~80.90	4.22	B2	5.88±0.53cdef	5.55~6.49	8.99
B9	77.19±1.54defg	76.00~78.93	2.00	B4	5.88±0.11cdef	5.76~5.97	1.82
B4	76.51±2.04defg	74.30~78.33	2.67	B23	5.86±0.19cdef	5.69~6.06	3.19
B3	75.60±4.05defgh	71.17~79.10	5.35	B15	5.83±0.12cdefg	5.69~5.92	2.11
B25	75.53±4.47defgh	71.40~80.27	5.91	B6	5.68±0.15defgh	5.51~5.77	2.64
B5	74.60±1.53defghi	73.33~76.30	2.05	B9	5.65±0.15defgh	5.52~5.82	2.70
B6	73.36±1.27efghi	71.97~74.47	1.73	B16	5.65±0.33defgh	5.29~5.93	5.81
B14	72.33±5.43fghi	66.70~77.53	7.50	CK3	5.60±0.15efgh	5.50~5.77	2.60
B7	71.85±8.97ghi	61.50~77.33	12.49	CK6	5.57±0.10fgh	5.50~5.68	1.77
B23	71.21±1.58ghi	69.90~72.97	2.22	B25	5.56±0.17fgh	5.41~5.75	3.10
B13	68.67±2.52hij	65.77~70.40	3.68	CK4	5.52±0.18fghi	5.33~5.68	3.21
B2	68.42±3.26ij	64.83~71.20	4.77	B5	5.41±0.42ghi	5.16~5.90	7.84
B26	68.29±3.49ij	65.77~72.27	5.11	B26	5.40±0.17ghi	5.25~5.58	3.08
B17	62.81±5.73jk	59.43~69.43	9.13	B14	5.28±0.09hij	5.19~5.37	1.70
CK6	59.93±1.48kl	58.93~61.63	2.47	B12	5.27±0.34hij	4.98~5.65	6.50
B12	56.74±0.94kl	55.87~57.73	1.65	B13	5.11±0.16ij	4.95~5.27	3.13
CK5	53.87±4.37l	49.23~57.90	8.11	CK5	4.87±0.04j	4.84~4.92	0.85

虽然三倍体的高生长不突出，但地径却表现较好，并且三倍体的地径普遍较二倍体粗，其中地径最大是三倍体 B8，为 6.41mm，该家系除了与 CK1 差异不显著外，显著高于其他二倍体，较其地径平均值提高了 18.92%；将各家系地径平均值从大到小排序，前 13 个家系中仅有 CK1 一个二倍体家系，其余 12 个均为三倍体家系。排在前 5 位除了 B8 外的另外 4 个三倍体家系为 B19、B3、B7、B17。

对 23 个家系苗高和地径变异系数的分析表明：在苗高方面，全部家系的变异系数在 1.56%～12.49%。其中，CK1、B12、B6、B8 等家系的变异系数均小于 2.00%，表明家系苗高整齐度较好，而 CK5、B17、B14、B7 等家系的变异系数均高于 7.00%，属于苗高整齐度较差的家系；在地径方面，各家系的变异系数在 0.26%～8.99%。其中 B8、CK5、CK1、CK6、B4、B14、B17 等家系的变异系数小于 2.00%，说明地径整齐度较好，B2、B12、B16、B5、B3 等家系的变异系数均大于 5.00%，说明地径整齐度略差。

9.1.4　参试性状的主成分分析及三倍体优良家系的选择

优良家系的选择往往要综合考虑多个性状因素(刘宇等，2014；黄海娇等，2017b)。因此，采用主成分分析法进行分析(表 9-7)，第 1 个主成分的特征根为 2.195，方差贡献率为 43.899%，代表了全部性状信息的 43.899%，是最重要的主成分；而第 2 个主成分的特征根为 1.431，方差贡献率分别为 28.628%；第 3 个主成分的特征根为 0.973，方差贡献率为 19.470%；其他主成分的贡献率小于 8.000%。前 3 个主成分的累积贡献率为 91.997%，已将白桦种子活力及苗期生长性状 91.997% 的信息反映出来，因此，选取前 3 个主成分进行分析。若家系的主成分用 Y_1、Y_2、Y_3 表示，则前 3 个主成分的表达式分别为：$Y_1=0.30X_1+0.62X_2+0.65X_3-0.18X_4-0.29X_5$、$Y_2=0.12X_1+0.26X_2+0.18X_3+0.70X_4+0.63X_5$、$Y_3=0.87X_1-0.21X_2-0.15X_3-0.30X_4+0.29X_5$。从函数表达式可知，在第 1 主成分中，发芽势($X_2$)和活力指数($X_3$)性状的系数较高，据此认为第 1 主成分主要反映了白桦种子活力性状，第 1 主成分值大，说明该家系的种子活力性状较高；在第 2 主成分中，系数较高的是苗高(X_4)和地径(X_5)，表明第 2 主成分主要反映了白桦的生长性状，第 2 主成分值大，说明白桦家系的苗期生长较好；在第 3 主成分中，种子千粒重(X_1)的系数最大，说明第 3 主成分值大时，家系的种子千粒重较大。因此，当白桦参试家系的 3 个主成分值均较大时，表明该家系综合性状较好，可以入选为优良家系。

表 9-7　特征根及标准化的特征向量

主成分	特征根	特征根对方差贡献率/%	累计贡献率/%	性状	特征向量 t		
					t_1	t_2	t_3
1	2.195	43.899	43.899	千粒重 X_1	0.294	0.122	0.871
2	1.431	28.628	72.527	发芽势 X_2	0.615	0.262	−0.212
3	0.973	19.470	91.997	活力指数 X_3	0.645	0.178	−0.148
4	0.370	7.398	99.395	苗高 X_4	−0.182	0.696	−0.300
5	0.030	0.605	100.000	地径 X_5	−0.294	0.632	0.292

通过上述分析，将 5 个指标转化为 3 个独立的指标，进而根据主成分值评价参试家系。由表 9-8 可以看出，3 个主成分值均较高的家系只有：B15、B16 和 B4 家系，据此认为这 3 个家系无论是种子千粒重、种子活力，还是苗期生长量方面均优于其他家系；Y_1 和 Y_2 2 个主成分值较高的家系是：CK3、CK4、B15，说明 CK3、CK4、B15 家系在种子活力及生长性状方面优于其他家系，Y_1 和 Y_3 2 个主成分值较高的家系是 B15，该家系在种子千粒重及活力方面较好。

表 9-8　白桦半同胞家系的主成分值

家系	主成分		
	Y_1	Y_2	Y_3
B15	3.435	2.047	0.963
CK6	2.349	−0.515	−0.337
CK4	2.276	1.323	−1.787
CK5	1.877	−2.507	−1.237
B12	1.555	−1.618	1.325
B16	0.857	0.521	1.190
CK3	0.649	1.159	−1.328
B4	0.327	0.717	1.030
B7	0.257	0.599	−0.061
B14	0.071	−0.885	−0.167
B13	−0.142	−1.571	−0.816
B6	−0.364	−0.146	1.288
B19	−0.431	1.527	−0.128
B26	−0.586	−1.187	0.196
B17	−0.914	−0.732	1.240
B25	−0.983	−0.452	−0.781
B9	−1.081	−0.180	−0.066
B5	−1.114	−0.861	−0.325
B2	−1.129	−0.451	0.051
B23	−1.479	−0.408	−0.223
B8	−1.540	1.414	0.951
B3	−1.590	0.578	0.844
CK1	−2.300	1.628	−1.825

9.2　四倍体白桦全同胞家系苗期选择

9.2.1　母本对子代苗期生长性状的影响

2011 年在白桦种子园内选择 6 株八年生四倍体白桦(B8、B4、B22、B6、B20 和 B5)为母本、4 株二倍体白桦(F3、F4、F9 和 F11)为父本,按测交系交配设计进行套袋杂交,共计获得 24 个杂交组合的种子,于第二年春季育苗。苗木培育按完全随机区组设计,3 次重复,每个小区 30 株,每个杂交组合共培养 90 株苗木,苗木的水肥管理按照常规进行。当苗木封顶后调查每个杂交组合 90 株苗木的苗高和地径。根据苗高和地径计算高径比。此外,在每个杂交组合每个区组随机选取 10 株,3 个区组共 30 株白桦苗木,对其进行侧芽数的统计。默认每两个侧芽之间的距离相等,进而求算两个侧芽之间的距离(节间距)。采用多目标决策法对参试家系进行综合评价。

针对不同四倍体母本杂种子代家系间的苗高、地径、高径比及节间距等性状进行方差分析(表 9-9),结果显示,各性状均达到差异极显著水平,说明母本对子代苗期生长性状具有显著的影响。进而对不同母本子代各性状进行多重比较(表 9-10),结果以 B4 为母本的子代各性状均表现较为优良,其中,苗高、地径较其他四倍体母本子代平均值分别高 17.06%、8.53%;母本 B4 虽然在高径比、节间距等性状中没有排在第 1 位,但与排在第 1 位的 B22 差异不显著。

表 9-9　不同四倍体母本的子代苗期生长性状的方差分析

性状	平方和	自由度	均方	F
苗高	20 387.190	5	4 077.438	14.757**
地径	110.766	5	22.153	15.049**
高径比	388.331	5	77.666	14.109**
节间距	15.378	5	3.076	9.439**

表 9-10　不同四倍体母本的子代苗期生长性状的多重比较

母本	苗高/cm	地径/mm	高径比	节间距/cm
B4	61.94a	6.36a	9.76ab	3.27ab
B22	59.12ab	5.85b	10.18a	3.37a
B8	54.22c	6.49a	8.39c	3.17b
B20	56.42bc	5.97b	9.56ab	3.32ab
B6	46.41d	5.73b	8.14c	3.00c
B5	48.40d	5.26c	9.37b	2.94c

通过多目标决策法对不同四倍体母本的子代各性状的数值进行标准化处理（表9-11）。以苗高对林木的贡献为基准，求算各指标的权重（表9-12）。对各指标进行综合评价（表9-13），结果排在第一位的是B4，其评价值达到0.77，为最优母本；排在第二位、第三位、第四位的是B8、B22、B20，它们的评价值分别为0.72、0.66、0.66，属于优良母本；而B6、B5的评价值较低，分别为0.40、0.22，排在后两位，据此B6、B5将被淘汰。

表9-11 不同四倍体母本的子代各性状指标的标准化值

母本	苗高	地径	高径比	节间距
B8	0.55	1.00	0.89	0.59
B4	1.00	0.91	0.29	0.80
B22	0.84	0.53	0.10	1.00
B6	0.10	0.44	1.00	0.23
B20	0.68	0.62	0.37	0.89
B5	0.22	0.10	0.46	0.10

表9-12 不同四倍体母本的子代苗高与地径、高径比、节间距的相关系数及各指标的权重

评价指标	苗高	地径	高径比	节间距
相关系数(R^2)	1	0.627	0.709	0.893
权重(ω)	0.310	0.194	0.220	0.277

表9-13 不同四倍体母本的子代各性状的综合评价

母本	苗高	地径	高径比	节间距	综合评价值
B4	0.31	0.18	0.06	0.22	0.77
B8	0.17	0.19	0.20	0.16	0.72
B22	0.26	0.10	0.02	0.28	0.66
B20	0.21	0.12	0.08	0.25	0.66
B6	0.03	0.09	0.22	0.06	0.40
B5	0.07	0.02	0.10	0.03	0.22

9.2.2 父本对子代苗期生长性状的影响

对不同父本杂种子代家系间的苗高、地径、高径比及节间距等性状进行方差分析（表9-14），结果显示，各性状的差异均达到显著或极显著水平，说明父本对子代苗期生长性状同样具有显著的影响，进而对不同父本的子代各性状进行多重比较（表9-15）。结果以F3为父本的子代各性状均表现优良，其苗高、地径较其他父本的子代均值分别提高10.89%、3.87%。因此，初步判定F3为最优父本，F4、F9为候选父本，F11为淘汰父本。

表 9-14　不同父本的白桦子代各性状的方差分析

性状	平方和	自由度	均方	F
苗高	6187.775	3	2062.592	6.953**
地径	14.926	3	4.975	3.089*
高径比	81.302	3	27.101	4.558**
节间距	13.911	3	4.637	14.177**

表 9-15　不同父本的白桦子代各性状的多重比较

父本	苗高/cm	地径/mm	高径比	节间距/cm
F3	59.16a	6.18a	9.66a	3.34a
F4	54.13bc	5.85b	9.34ab	3.19b
F9	55.27b	6.13ab	9.08bc	3.27ab
F11	50.65c	5.86b	8.71c	2.96c

9.2.3　不同杂交组合对子代苗期生长性状的影响

不同杂交组合的白桦子代苗期生长性状方差分析表明，各性状在不同杂交组合间差异极显著(表 9-16)，其中苗高的均值为 54.68cm，最大值是最小值的 11.5倍，4 个生长性状的家系遗传力(H^2)均高于 0.80，表明 4 个生长性状受遗传因素控制强、受环境影响小。

表 9-16　不同杂交组合的子代苗期生长性状的主要遗传参数

性状	自由度	均方	F	平均值	标准差	最小值	最大值	CV/%	H^2
苗高/cm	23	2912.333	13.713**	54.68	17.45	10.00	115.00	31.91	0.927
地径/mm	23	8.475	6.125**	6.01	1.27	1.57	11.29	21.22	0.837
高径比	23	55.747	13.014**	9.18	2.46	3.00	15.16	26.77	0.923
节间距/cm	23	2.43	8.915**	3.19	0.59	1.12	5.29	18.53	0.888

注：CV 表示变异系数

不同杂交组合间各性状的多重比较表明(表 9-17)，杂交组合 B4×F3、B20×F4、B22×F4、B4×F9、B8×F3、B22×F3、B20×F11、B8×F9、B6×F3的子代苗期生长性状综合表现比较好。采用多目标决策法对各杂交组合进行综合评定(表 9-18、表 9-19)，当入选率为 20.00%时，杂交组合 B4×F3、B20×F4、B8×F9、B4×F9 和 B8×F3 入选，5 个杂交组合的子代苗高、地径、高径比和节间距的遗传增益分别为 18.88%、8.19%、9.19%、7.13%。

表 9-17 不同杂交组合的子代苗期生长性状的多重比较

杂交组合	苗高/cm	杂交组合	地径/mm	杂交组合	高径比	杂交组合	节间距/cm
B4×F3	74.13a	B4×F3	6.88a	B5×F4	11.76a	B22×F4	3.64a
B20×F4	66.83ab	B8×F9	6.83a	B4×F3	10.91ab	B6×F3	3.59ab
B22×F4	65.03bc	B8×F3	6.60ab	B22×F4	10.87ab	B20×F4	3.55abc
B4×F9	65.03bc	B8×F11	6.42abc	B22×F3	10.66abc	B4×F9	3.54abc
B8×F3	63.10bcd	B20×F4	6.39abcd	B20×F11	10.58abc	B4×F3	3.48abc
B22×F3	62.19bcde	B4×F11	6.30abcde	B20×F4	10.56abcd	B22×F3	3.43abcd
B20×F11	61.35bcde	B4×F9	6.29abcde	B4×F9	10.34bcd	B20×F11	3.42abcd
B8×F9	59.98bcdef	B6×F3	6.15abcdef	B22×F11	10.07bcde	B8×F3	3.35abcde
B6×F3	58.83bcdef	B22×F9	6.07bcdef	B8×F3	9.72bcdef	B8×F9	3.31abcdef
B6×F4	57.08cdefg	B22×F4	6.07bcdef	B5×F9	9.67bcdef	B22×F9	3.30bcdef
B4×F11	54.87defg	B6×F4	6.03bcdef	B6×F3	9.65bcdef	B20×F3	3.24cdef
B22×F9	54.56defg	B4×F4	5.99bcdef	B5×F11	9.40cdef	B6×F9	3.22cdefg
B8×F11	54.27defg	B20×F9	5.96bcdef	B6×F4	9.39cdef	B8×F11	3.14defg
B22×F11	54.07defg	B22×F3	5.90bcdef	B20×F3	9.24defg	B6×F4	3.11defg
B5×F11	53.75defg	B20×F11	5.83bcdefg	B22×F9	8.98efg	B22×F11	3.11defg
B4×F4	53.23efg	B8×F4	5.76cdefgh	B8×F9	8.94efg	B5×F4	3.10defg
B5×F4	51.22fg	B5×F11	5.70cdefgh	B4×F4	8.86efg	B20×F9	3.09defg
B20×F3	50.78fg	B20×F3	5.67cdefgh	B4×F11	8.84efg	B4×F4	3.03efgh
B5×F9	48.95g	B6×F11	5.62defgh	B8×F11	8.48fgh	B4×F11	3.00fgh
B20×F9	47.75gh	B5×F3	5.61efgh	B20×F9	8.07gh	B5×F3	2.91gh
B5×F3	40.46hi	B22×F11	5.39fgh	B6×F9	8.00ghi	B5×F11	2.90gh
B6×F9	40.25hi	B6×F9	5.14ghi	B5×F3	7.31hi	B5×F9	2.89gh
B6×F11	37.69i	B5×F9	5.03hi	B6×F11	6.84ij	B8×F4	2.76hi
B8×F4	33.77i	B5×F4	4.48i	B8×F4	5.89j	B6×F11	2.58i

表 9-18 不同杂交组合的子代苗期生长性状的各指标相关系数及权重

评价指标	苗高	地径	高径比	节间距
相关系数(r_{1i}^2)	1	0.604	0.811	0.819
权重($\omega_{(xi)}$)	0.31	0.19	0.25	0.25

表 9-19　不同杂交组合的子代苗期生长性状的标准化值及综合评价

杂交组合	苗高		地径		高径比		节间距		综合评价
	标准化值	评价值	标准化值	评价值	标准化值	评价值	标准化值	评价值	
B4×F3	1.00	0.31	1.00	0.19	0.23	0.06	0.87	0.22	0.78
B20×F4	0.84	0.26	0.82	0.16	0.28	0.07	0.92	0.23	0.72
B8×F9	0.68	0.21	0.98	0.19	0.53	0.13	0.72	0.18	0.71
B4×F9	0.80	0.25	0.78	0.15	0.32	0.08	0.91	0.23	0.71
B8×F3	0.75	0.23	0.90	0.17	0.41	0.10	0.76	0.19	0.69
B22×F4	0.80	0.25	0.70	0.13	0.24	0.06	1.00	0.25	0.69
B6×F3	0.66	0.20	0.72	0.14	0.42	0.11	0.95	0.24	0.69
B8×F11	0.56	0.17	0.83	0.16	0.60	0.15	0.58	0.15	0.63
B22×F3	0.73	0.23	0.63	0.12	0.27	0.07	0.82	0.21	0.63
B22×F9	0.56	0.17	0.70	0.13	0.53	0.13	0.71	0.18	0.61
B20×F11	0.72	0.22	0.61	0.12	0.28	0.07	0.81	0.20	0.61
B4×F11	0.57	0.18	0.78	0.15	0.55	0.14	0.46	0.11	0.58
B6×F4	0.62	0.19	0.68	0.13	0.46	0.12	0.55	0.14	0.58
B20×F9	0.41	0.13	0.66	0.12	0.66	0.17	0.53	0.13	0.55
B4×F4	0.53	0.17	0.67	0.13	0.54	0.14	0.48	0.12	0.56
B20×F3	0.48	0.15	0.55	0.10	0.49	0.12	0.66	0.17	0.54
B5×F11	0.55	0.17	0.56	0.11	0.46	0.12	0.38	0.09	0.49
B22×F11	0.55	0.17	0.44	0.08	0.36	0.09	0.55	0.14	0.48
B6×F9	0.24	0.08	0.35	0.07	0.68	0.17	0.65	0.16	0.48
B5×F3	0.25	0.08	0.52	0.10	0.78	0.20	0.38	0.09	0.47
B8×F4	0.10	0.03	0.58	0.11	1.00	0.25	0.25	0.06	0.45
B6×F11	0.19	0.06	0.53	0.10	0.85	0.21	0.10	0.03	0.40
B5×F9	0.44	0.14	0.31	0.06	0.42	0.10	0.36	0.09	0.39
B5×F4	0.49	0.15	0.10	0.02	0.10	0.02	0.54	0.14	0.33

9.2.4　配合力分析

通过配合力的研究，可以估算亲本无性系的育种值，为种子园留优去劣和优良亲本选配提供重要依据(董虹妤等，2015)。以杂交组合平均值为单位，4 个性状、24 个杂交组合的配合力方差分析结果表明(表 9-20)，苗高、地径、高径比、节间距的母本一般配合力和特殊配合力间差异均达到极显著水平，而父本一般配合力间差异达到显著水平的性状仅是节间距，其他均未达到差异显著水平，因此有必要对不同母本及不同杂交组合进行综合选择。

表 9-20 配合力方差分析

变异来源	自由度	苗高		地径		高径比		节间距	
		均方	F	均方	F	均方	F	均方	F
区组	2	281.755	0.925*	1.264	0.777*	4.593	0.760*	1.043	3.013
父本一般配合力	3	121.057	1.091	0.398	0.989	1.397	0.61	0.292	3.226*
母本一般配合力	5	369.908	4.03**	2.402	9.585**	6.802	3.563**	0.283	3.334**
特殊配合力	23	193.257	7.647**	0.374	2.740**	4.266	7.457**	0.132	3.921**
误差	46	25.267		0.137		0.573		0.034	

9.2.5 一般配合力和特殊配合力效应值的比较

优良杂交亲本及杂交组合的选择依赖于一般配合力和特殊配合力效应值的比较。亲本一般配合力效应值反映的是一个亲本在不同杂交组合中某一性状的平均表现，在遗传学上体现亲本加性基因的效应(唐佳，2012)。对白桦杂交子代的亲本一般配合力效应值进行比较得知(表 9-21)，同一亲本不同性状及同一性状不同亲本的一般配合力均有所差异。由表 9-21 可见，亲本的配合力效应值出现正、负两种情况，表明该性状受加性基因影响程度，正值越大，说明该性状受加性基因的影响越大，负值的绝对值越大表明该性状受加性基因影响越小。因此可以根据各亲本不同性状一般配合力效应值的大小进行综合选择。选择结果为：在母本方面，B4、B20 的子代各性状一般配合力均为正值，为最优母本；其次是 B22，只有地径的一般配合力为负值，但是绝对值比较小。在父本方面，F3 的子代各性状一般配合力均为正值，为最优父本；其次是 F4，该父本的苗高和地径的一般配合力为负值，但绝对值比较小；排在最后的是 F9、F11。根据一般配合力效应值选择的优良亲本与前文应用多目标决策法的综合选择结果基本一致。

表 9-21 亲本生长性状一般配合力及特殊配合力的效应值

母本	父本				母本一般配合力效应值
	F3	F4	F9	F11	
B8	6.64/0.07/1.19/0.07	−18.97/−0.42/−2.07/−0.40	8.93/0.54/0.97/0.12	3.40/0.15/0.50/0.16	−1.78/0.40/−1.06/−0.04
B4	8.57/0.39/0.89/0.07	−8.61/−0.16/−0.59/−0.25	5.15/0.05/0.97/0.24	−5.11/0.06/−0.63/−0.11	7.33/0.36/0.44/0.08
B22	−0.48/−0.08/0.24/−0.09	6.09/0.43/1.02/0.26	−2.43/0.35/−0.86/−0.11	−3.17/−0.35/0.20/−0.11	4.43/−0.15/0.84/0.18
B6	6.68/0.28/0.92/0.31	8.72/0.53/1.21/−0.03	−6.59/−0.49/−0.17/0.07	6.64/0.03/−1.36/−0.39	−6.14/−0.28/−0.83/−0.06
B20	−9.57/−0.42/−0.65/−0.23	10.13/0.64/1.24/0.21	−7.19/0.12/−1.24/−0.28	−8.81/0.00/1.25/0.26	2.11/0.04/0.29/0.14
B5	−11.83/0.28/−2.51/−0.19	2.65/−0.50/2.51/0.14	2.13/−0.06/0.46/−0.10	7.05/0.63/0.13/0.11	−5.95/−0.81/0.23/−0.23
父本一般配合力效应值	3.68/0.13/0.40/0.15	−0.04/−0.22/0.17/0.01	−1.73/−0.12/−0.15/0.05	−1.91/−0.13/−0.14/−0.16	

注：表中形式为，苗高/地径/高径比/节间距等性状效应值

特殊配合力可以反映基因的非加性效应，其中包括显性效应和上位效应（Xu et al.，2016）。由此对四倍体白桦子代的亲本特殊配合力进行比较得知（表9-21）：同一性状不同杂交组合及同一杂交组合不同性状的特殊配合力均不同。这4个性状的亲本特殊配合力效应值均为正值的杂交组合有B8×F11、B8×F9、B8×F3、B4×F3、B4×F9、B22×F4、B6×F3、B20×F4、B5×F11，说明这些组合的四倍体白桦子代在苗高、地径、高径比、节间距方面优于亲本。

通过交配设计及杂种子代测定，尽早地对产种母树做出留优去劣的科学评价，从而提高种子园的遗传增益，这是林木育种环节中的重要任务。对于刚刚开花结实的初级三倍体白桦种子园，目前的主要任务就是尽快评价和筛选建园母树，确定优良杂交组合。本研究在子代性状差异显著性分析的基础上，将多目标决策法与亲本配合力比较方法相结合，对建园母树进行了筛选。初步选出的优良母本为B4、B20、B8、B22，优良父本为F3、F4、F9，由于本次选择是依据苗期性状，淘汰了生长最差的亲本母树，保留了生长性状在中等以上的多数亲本，为今后继续对亲本的观察及最终的选择提供基础。根据20.00%的入选率，该群体中共有5个家系入选，分别为B4×F3、B20×F4、B8×F9、B4×F9和B8×F3，说明这5个家系表现优良。

在配合力方差分析的基础上，估算亲本一般配合力和特殊配合力效应值，进而分析不同亲本对子代的影响及杂交组合间的杂种优势强弱，筛选出具有较强优势的亲本及杂交组合（刘青华等，2011）。本研究借鉴了上述方法，选出了8个特殊配合力为正值的杂交组合，即杂交子代的表现优于双亲的杂交组合。在营建双亲本种子园时，我们既要选择子代表现优良的双亲，又要选择子代表现杂种优势的双亲，因此，杂交组合B4×F3、B20×F4、B8×F9、B4×F9和B8×F3最优入选。

9.3　四倍体白桦家系多点试验林生长稳定性分析

9.3.1　参试家系生长性状的多点联合方差分析及主要遗传参数

2011年以白桦种子园中16株四倍体白桦为母本，通过自由授粉共获得16个三倍体半同胞家系的种子，同时采集园中5个自由授粉的二倍体白桦家系种子（表9-22）。2012年4月育苗，2013年早春分别在辽宁省丹东市五龙背新建村、吉林省辉南县石道河林场、黑龙江省尚志市帽儿山试验林场、黑龙江省庆安县大青山林场等4处造林（表9-23），试验林按完全随机区组设计，4次重复，每个小区20株，株行距2m×2m。2014年秋季进行全林树高、地径及保存率调查。采用George C.C.Tai模型对参试家系进行多点生长稳定性分析。

表9-22　参试白桦母本及半同胞杂交子代的代码

四倍体母本(4x)	杂交子代(3x)	四倍体母本(4x)	杂交子代(3x)	二倍体母本(2x)	杂交子代(2x)
B2	302	B11	311	CK1	201
B3	303	B12	312	CK3	203
B4	304	B13	313	CK4	204
B5	305	B14	314	CK5	205
B7	307	B15	315	CK6	206
B8	308	B16	316		
B9	309	B19	319		
B10	310	B25	325		

表9-23　各试验点的土壤气候条件

试验点	经度(E)	纬度(N)	海拔/m	年平均温度/℃	年降水量/mm	土壤类型	pH
庆安	127°33′	46°58′	450	1.7	577.0	黑钙土	6.3
尚志	127°31′	45°16′	400	2.4	700.0	暗棕壤	6.5
辉南	126°31′	42°38′	366	5.5	880.0	暗棕壤	7.8
丹东	124°16′	40°15′	120	7.8	984.4	棕壤土	6.6

对4个试验点21个白桦杂交子代家系的树高和地径进行地点间联合方差分析表明(表9-24)，参试家系的树高、地径性状在家系间及地点间差异均达到极显著水平；树高与地径性状在家系与地点的交互作用上也达到了差异极显著水平。这一结果说明，同一家系在不同的立地条件或不同家系在同一地点的生长表现均不一致，基因型与环境之间存在明显互作，由此有必要对参试家系在各地点间进行生长变异的比较及生长稳定性的分析。

表9-24　参试家系生长性状的多点联合方差分析

生长性状	变异来源	自由度	平方和	均方	F
树高	地点	3	95.34	31.78	203.05**
	地点内区组	12	89.82	7.49	47.83**
	家系	20	97.93	4.90	31.29**
	家系×地点	60	29.10	0.49	3.10**
	试验误差	7130	1 115.87	0.16	
	总计	7225	16 905.71		
地径	地点	3	76 299.55	25 433.18	890.89**
	地点内区组	12	13 953.28	1 162.77	40.73**
	家系	20	5 877.20	293.86	10.29**
	家系×地点	60	6 796.66	113.28	3.97**
	试验误差	7130	203 547.52	28.55	
	总计	7225	2 349 852.41		

采用地点内双因素方差分析模型分别对 4 个试验点内 21 个家系的树高和地径进行方差分析及遗传参数分析，结果表明(表 9-25)，各个试验点内树高与地径性状在家系间差异均达到了极显著的水平，说明在同一地点内不同家系的生长表现差别明显。

表 9-25　各试验点参试家系生长性状的遗传参数

性状	试验点	均值	标准差	变幅	变异系数/%	H^2	F
树高/m	庆安	1.63	0.39	0.70～3.04	23.93	0.94	16.107**
	尚志	1.55	0.45	0.49～2.80	29.03	0.91	10.644**
	辉南	1.44	0.35	0.46～3.05	24.31	0.90	10.143**
	丹东	1.30	0.47	0.35～4.00	36.15	0.91	10.731**
地径/mm	庆安	21.32	6.02	5.16～41.90	28.24	0.86	7.169**
	尚志	19.71	6.41	4.37～44.56	32.52	0.76	4.137**
	辉南	13.82	3.97	5.00～36.70	28.73	0.81	5.320**
	丹东	13.47	5.51	3.83～47.24	40.91	0.85	6.487**

各地点树高、地径均值见表 9-25。在树高方面，庆安试验点平均值最大，达到 1.63m；其次是尚志试验点，为 1.55m；树高均值最小的是丹东试验点，仅有 1.30m。在地径方面，依然是庆安试验点表现最好，为 21.32mm；其次是尚志试验点，为 19.71mm；辉南和丹东试验点地径均值较低，分别为 13.82mm 和 13.47mm。对 4 个试验点内各家系生长变异情况的分析表明：在树高方面，丹东试验点的变异系数最大，为 36.15%；其次是尚志试验点，为 29.03%；庆安与辉南两地均低于 25.00%。在地径方面，丹东试验点变异系数最大，高达 40.91%；其他三地均在 30.00%左右。该结果表明，丹东试验点的参试家系其树高与地径变异均高于另外 3 个试验点。对各地点生长性状家系遗传力(H^2)分析表明：在树高方面，4 个地点的家系遗传力均在 0.90 以上；在地径方面，除尚志试验点为 0.76 以外，其他 3 地均在 0.80 以上。总的来说，各地点树高、地径性状均受遗传因素高度控制，有利于日后开展家系间的生长性状评价。

9.3.2　各试验点参试家系生长性状多重比较

在上述分析的基础上对 21 个家系在 4 个试验点的生长性状进行多重比较(表 9-26、表 9-27)，结果表明：在树高方面，表现最好的是生长在庆安试验点的 201 家系，其树高均值为 2.11m；其次是也生长在该试验点的 206 家系；表现最差的是丹东试验点的 305 家系，其树高均值仅为 1.12m。在庆安试验点，仅有 201 家系树高均值高于2.00m；203、204、205、206等次之，均值在1.77～1.88m；其余家系树高均值在1.47～1.67m。在尚志试验点，没有家系树高均值超过2.00m；201、203、204、205、206等家系在1.65～1.83m；其余家系均值在1.25～1.59m，整体变幅较大。在辉南试验点，参试家系高生长稍逊于前两个试验点，仅有203家系树高均值超过1.80m；201、204、205、206等家系在1.49～1.61m；其余家系均值在1.27～1.49m。在丹东试验点，表现最好的204家系，树高均值仅为1.55m；201、203家系次之；其余家系均值均在1.50m以下。

表9-26 庆安和尚志试验点参试家系树高、地径多重比较

庆安				尚志			
家系	树高/m	家系	地径/mm	家系	树高/m	家系	地径/mm
201	2.11±0.42a	201	25.92±7.03a	201	1.83±0.49a	203	22.31±6.27a
206	1.88±0.39b	203	24.31±6.95ab	206	1.78±0.43ab	206	21.84±6.58ab
203	1.82±0.43b	205	23.72±4.73bc	203	1.75±0.44abc	312	21.61±5.94abc
204	1.79±0.39bc	309	23.36±6.47bc	204	1.66±0.48bcd	316	21.33±7.15abc
205	1.77±0.33bc	302	22.58±6.23bcd	205	1.65±0.54cde	201	20.75±6.35abcd
309	1.67±0.35cd	312	21.96±5.78cde	316	1.59±0.42def	305	20.52±5.92abcde
310	1.66±0.32cde	307	21.62±5.77cdef	312	1.56±0.35def	325	20.28±7.14bcde
316	1.62±0.25def	314	21.59±6.83cdef	319	1.56±0.49def	205	20.21±7.14bcde
312	1.61±0.35def	316	21.46±5.63cdef	309	1.55±0.42defg	319	19.89±6.57bcdef
315	1.60±0.31def	311	21.35±4.76cdef	304	1.54±0.45defgh	308	19.88±5.81bcdef
314	1.60±0.41def	308	21.33±5.73cdef	325	1.54±0.45defgh	309	19.78±6.40bcdef
307	1.56±0.36def	310	20.82±4.99def	305	1.53±0.41defgh	304	19.55±6.92cdefg
319	1.55±0.35def	206	20.80±4.52def	308	1.51±0.39efgh	311	19.09±5.36defg
303	1.52±0.32ef	315	20.68±5.80def	311	1.50±0.38efgh	302	18.89±6.03defg
305	1.52±0.32ef	313	20.35±5.71defg	303	1.49±0.41fgh	303	18.80±5.56defg
304	1.51±0.28f	305	19.78±5.14efg	315	1.47±0.36fgh	204	18.79±6.29defg
313	1.50±0.28f	304	19.66±4.43efg	313	1.47±0.34fgh	310	18.50±6.28efg
308	1.49±0.31f	319	19.53±5.92efg	310	1.46±0.43fgh	314	18.43±6.04efg
311	1.48±0.37f	204	19.41±6.07fg	307	1.41±0.36gh	313	17.95±5.91fg
325	1.48±0.32f	303	19.19±4.99fg	314	1.40±0.42h	307	17.92±5.99fg
302	1.47±0.35f	325	18.19±4.75g	302	1.25±0.39i	315	17.66±6.07g

表 9-27　辉南和丹东试验点参试家系树高、地径多重比较

辉南				丹东			
家系	树高/m	家系	地径/mm	家系	树高/m	家系	地径/mm
203	1.81±0.46a	203	16.92±5.53a	204	1.55±0.48a	325	15.59±6.09a
201	1.61±0.37b	325	15.55±5.51ab	201	1.53±0.51a	203	14.86±7.07ab
204	1.57±0.33bc	316	14.61±3.56bc	203	1.50±0.63a	308	14.85±5.09ab
205	1.51±0.33bcd	302	14.57±4.01bc	310	1.45±0.45ab	310	14.61±5.35abc
206	1.49±0.41bcde	201	14.55±4.48bc	325	1.44±0.46abc	302	14.32±7.71abcd
315	1.49±0.30bcde	313	14.43±3.56bcd	206	1.36±0.53bcd	316	14.13±5.21bcde
325	1.49±0.39bcde	310	14.28±3.74bcde	315	1.33±0.43cde	313	14.00±6.39bcde
310	1.48±0.30bcde	319	14.26±3.16bcde	205	1.31±0.58def	204	13.82±5.19bcdef
319	1.46±0.31cdef	309	14.14±3.80bcdef	316	1.29±0.40defg	311	13.76±5.33bcdef
313	1.45±0.29cdefg	205	13.78±4.09cdefg	313	1.29±0.49defg	309	13.58±6.03bcdef
316	1.44±0.29cdefg	311	13.63±3.22cdefg	319	1.28±0.38defg	315	13.57±4.95bcdef
309	1.42±0.34defgh	314	13.49±3.75cdefg	309	1.28±0.46defg	307	13.40±5.32bcdef
303	1.41±0.30defgh	315	13.43±3.20cdefg	308	1.27±0.42defg	201	13.29±4.79cdefg
314	1.38±0.30defghi	308	13.42±3.96cdefg	311	1.26±0.43defg	205	13.25±6.12cdefg
308	1.35±0.31efghi	307	13.12±3.83cdefg	307	1.22±0.41efgh	206	13.16±5.15cdefg
311	1.34±0.27fghi	305	13.04±4.01cdefg	314	1.20±0.40fgh	319	13.05±4.46defg
304	1.31±0.30ghi	206	12.86±3.74defg	303	1.18±0.39gh	312	12.62±4.34efg
307	1.30±0.32hi	204	12.77±2.85defg	312	1.18±0.42gh	314	12.45±4.95fgh
312	1.29±0.30hi	303	12.70±2.79efg	302	1.18±0.52gh	303	11.90±4.34gh
302	1.28±0.30hi	312	12.54±3.50fg	304	1.16±0.29gh	304	11.39±3.60h
305	1.27±0.33i	304	12.15±2.88g	305	1.12±0.36h	305	11.34±3.86h

在地径生长方面，表现最好的依然是庆安试验点的 201 家系，其均值为 25.92mm；表现最差的是丹东试验点的 305 家系，其地径均值仅为 11.34mm。在庆安试验点，21 个参试家系中 201、203、205、309、302 等 5 个家系均值均大于 22.00mm；其余家系地径均值在 18.19～21.96mm。在尚志试验点，203、206、312、316、201、305、325、205 等 8 家系均值大于 20.00mm；其余家系均值在 17.66～19.89mm。在辉南试验点，仅有 203 与 325 家系均值均超过 15.00mm；316、302、201、313、310、319、309 等 7 家系次之；其余家系均值在 12.15～13.78mm。在丹东试验点，仅有 325 家系地径均值高于 15.00mm；203、308、310、302、316、313 等 6 个家系次之；其余家系均值在 11.34～13.82mm。

综合树高与地径性状的均值，以隶属函数值大于 0.60 为标准比较发现，在庆安试验点生长较好的有 201、203 等家系；在尚志试验点生长较好的有 203、206、

201、312、316、205 等家系；辉南试验点生长较好的有 203 家系；在丹东试验点生长较好的有 325、203、310、204、201、316 等家系。

9.3.3 各试验点参试家系保存率比较

对各家系在各试验点保存率(表 9-28)比较表明，参试的 21 个家系在 4 个地点的平均保存率在 49.06%~70.57%。其中二倍体子代家系 201 保存率最高，为 70.57%；四倍体子代家系 312 保存率最低，为 49.06%。在各试验点，最高的家系分别是生长在庆安试验点的 201 家系，尚志试验点的 201 家系，辉南试验点的 201、310 家系，丹东试验点的 204 家系。丹东试验点各家系保存率整体表现较好，保存率在 80.00%以上的有 7 个家系，在庆安试验点仅有 1 个 201 家系保存率高于80.00%，而辉南和尚志试验点则没有保存率高于80.00%的家系。

表 9-28　各试验点参试家系保存率　　　　　(单位：%)

来源	参试家系	保存率				4 个地点的保存率平均值
		庆安	尚志	辉南	丹东	
二倍体子代	201	84.17	79.38	48.75	70.00	70.57
	203	38.33	54.38	46.25	85.00	55.99
	204	44.17	61.88	32.50	88.75	56.82
	205	52.50	62.50	40.00	78.75	58.44
	206	48.33	63.13	39.38	81.25	58.02
四倍体子代	302	51.67	73.13	33.75	73.75	58.07
	303	46.67	65.00	33.13	74.38	54.79
	304	54.17	78.75	40.63	71.88	61.35
	305	49.17	53.75	25.00	70.00	49.48
	307	51.67	65.00	32.50	76.25	56.35
	308	56.67	65.63	41.25	73.75	59.32
	309	50.83	53.13	37.50	75.00	54.11
	310	67.50	58.75	48.75	78.13	63.28
	311	40.00	52.50	39.38	77.50	52.34
	312	45.00	41.25	46.88	63.13	49.06
	313	49.17	60.00	35.00	83.13	56.82
	314	71.67	65.00	37.50	61.88	59.01
	315	53.33	48.75	43.75	68.13	53.49
	316	40.00	62.50	43.75	82.50	57.19
	319	53.33	73.13	30.63	86.88	60.99
	325	38.33	56.88	26.25	84.38	51.46

9.3.4 各试验点参试家系生长稳定性分析

通过对各试验点进行多点联合方差分析可知,在本研究中参试的二年生白桦杂交子代家系树高、地径性状在家系与地点的交互作用上达到了极显著水平,说明基因型与环境之间存在明显的互作效应,参试家系的树高、地径随参试地点立地条件的变化而显著不同。因此有必要根据二年生白桦家系的生长性状对参试家系在各试验点的生长稳定性进行探讨,并且进一步探究各个家系的生长适宜地点,为日后推广奠定基础。

George C.C.Tai 模型作为品种稳定性分析常用模型已被广泛使用(李志新等,2013;刘宇等,2015a),该模型能够将品种与环境的交互作用项有效地分割为两个部分:一部分是环境效应的线性响应 α_i,另一部分是线性回归离差 λ_i,并且以 $\alpha_i=0$ 时的预测区间及 $\lambda_0 \geq 1$ 时的置信区间上、下限为标准评定参试家系的稳定性程度。George C.C.Tai 模型将 $\alpha_i=0$、$\lambda_0=1$ 的品种视为具有平均稳定性的品种;将 $\alpha_i=-1$、$\lambda_0=1$ 的品种称为完全稳定品种。对于 $\alpha_i=0$、$\lambda_0=1$ 时,在概率水平 p 时的置信区间为:$1/F_{\alpha(n_2,n_1)} \leq \lambda_0 \leq F_{\alpha(n_1,n_2)}$,其中 $\alpha=(1-p)/2$,$n_1=n-2$,$n_2=n(v-1)(r-1)$:n 为地点个数,v 为参试品种数,r 为每个地点重复数(胡耿民和耿旭,1993)。由此可得,处于 $\lambda_0=1$ 置信区间内的品种为具有平均稳定性的品种,处于 $\lambda_0>1$ 区间内的品种为难以预测品种,处于 $\lambda_0<1$ 区间内的品种为环境敏感型品种(陈海玲等,2013)。

考虑到在以往的研究中对于本团队培育的二倍体及四倍体白桦杂种子代的地径(胸径)性状更能体现出其生长规律(刘宇等,2014;刘宇等,2015b;徐焕文等,2015),并且地径性状在实际测量中相比于树高更加精准、测量误差小,因此在本研究中依据地径性状对参试家系进行 Tai 模型分析(表 9-29)。利用 DPS 软件计算 $\alpha_i=0$ 时的预测区间,并利用上述公式计算 $\lambda_0 \geq 1$ 时的置信区间,如图 9-1 所示。图中左侧二次曲线为 $\alpha_i=0$ 时的 95% 置信区间,右侧二次曲线为 $\alpha_i=0$ 时的 90% 置信区间,2 条垂直线分别是 $\lambda_0=1$ 时 90% 置信区间的上、下限,根据上述公式,在本试验中 $\lambda_0=1$ 的 90% 置信区间为 $0.05<\lambda_0<3.03$。这些直线把不同家系分成不同的稳定性区域,从图中可以看出,参试的 21 个家系中除 311 和 325 外其他家系均处于平均稳定性品种区间内,说明这些家系均具有平均稳定性,对各地点的适应性良好。另外,325 家系处于 $\lambda_0>1$ 区间内说明对于该家系用 α_i 值预测稳定性准确性差,其家系与地点间的互作效应不能表示为线性回归关系,地径表现不稳定。311 家系处于 $\lambda_0<1$ 区间内说明该家系对外界环境条件敏感度高,地径高低依赖于所处立地条件的好坏,不具有广泛的适应性。

表 9-29　参试家系地径稳定性参数

来源	参试家系	地径均值/mm	α	λ
二倍体子代	201	18.63	0.18	1.44
	203	19.60	0.01	0.35
	204	16.20	−0.16	1.62
	205	17.74	0.17	1.14
	206	17.17	0.12	1.90
四倍体子代	302	17.59	−0.02	0.81
	303	15.64	0.01	0.12
	304	15.69	0.08	0.32
	305	16.17	0.00	1.43
	307	16.51	0.03	0.74
	308	17.37	−0.07	0.18
	309	17.71	0.05	1.26
	310	17.05	−0.05	0.87
	311	16.96	−0.03	0.05
	312	17.18	0.18	0.87
	313	16.68	−0.13	0.50
	314	16.49	0.05	0.91
	315	16.34	−0.03	0.42
	316	17.88	−0.06	1.44
	318	16.68	−0.10	1.50
	325	17.40	−0.24	3.31

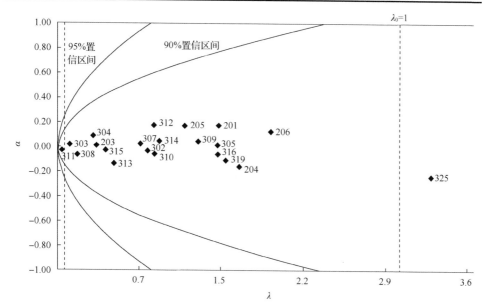

图 9-1　参试家系地径稳定性的 George C.C. Tai 模型分析

在用 Tai 模型对参试家系进行稳定性分析的基础上，结合各家系地径性状在各试验点的交互效应值进行综合分析，能够更加准确有效地评定各家系的生长适应地点。如表 9-30 所示，参试的 21 个家系中除 325 外其余家系在 4 个试验点均表现不同的适应性，203、201 家系适应性最好；309、308、205、316、302、206 等家系次之，也具有较好的适应性；318、312、310、313、314、307、315、305 等家系适应性一般；303、204、304、311、325 等适应性较差，其中 325 家系适应性最差，只在辉南与丹东这 2 个地点该家系生长较好。

表 9-30　各家系在各地点地径互作效应值及综合评价

参试家系	地径均值/mm	参试地点效应值				家系效应	适应地区	综合评价
		庆安	尚志	辉南	丹东			
203	19.60	0.47	0.08	0.58	−1.13	2.35	E1~E4	很好
201	18.63	3.06	−0.51	−0.82	−1.73	1.18	E1~E4	很好
309	17.71	1.41	−0.56	−0.32	−0.53	1.01	E1~E4	较好
308	17.37	−0.27	−0.12	−0.69	1.09	0.71	E1~E4	较好
205	17.74	1.75	−0.16	−0.70	−0.88	0.65	E1~E4	较好
316	17.88	−0.66	0.82	−0.01	−0.15	0.49	E1~E4	较好
302	17.59	0.75	−1.33	0.24	0.34	0.48	E1~E4	较好
206	17.17	−0.60	2.04	−1.05	−0.40	0.10	E1~E4	较好
318	16.68	−1.39	0.58	0.84	−0.03	−0.03	E1~E4	一般
312	17.18	0.55	1.79	−1.38	−0.96	−0.09	E1~E4	一般
310	17.05	−0.47	−1.19	0.49	1.17	−0.12	E1~E4	一般
313	16.68	−0.57	−1.37	1.01	0.92	−0.22	E1~E4	一般
314	16.49	0.87	−0.69	0.26	−0.43	−0.23	E1~E4	一般
307	16.51	0.87	−1.23	−0.14	0.49	−0.49	E1~E4	一般
315	16.34	0.11	−1.31	0.35	0.84	−0.66	E1~E4	一般
305	16.17	−0.62	1.72	0.12	−1.22	−0.89	E1~E4	一般
303	15.64	−0.69	0.52	0.31	−0.14	−1.45	E1~E4	较差
204	16.20	−1.02	−0.04	−0.17	1.23	−1.47	E1~E4	较差
304	15.69	−0.26	1.23	−0.27	−0.69	−1.57	E1~E4	较差
311	16.96	0.16	−0.50	−0.07	0.41	−2.07	E1~E4	较差
325	17.40	−3.45	0.24	1.41	1.80	−2.32	E3、E4	较差

注：表中 E1~E4 分别对应 4 个参试地点：E1 为庆安、E2 为尚志、E3 为辉南、E4 为丹东

自 2004 年笔者所在研究团队进行白桦多倍体诱导选育开始，前后共获得了百余株四倍体白桦，随后利用所得四倍体开展了不同倍性间白桦的杂交试验，从而获得了近百个三倍体白桦家系。到目前为止，参与三倍体白桦培育的育种群体共

有 66 株,其中有 43 株四倍体白桦、23 株二倍体白桦(表 9-31)。笔者利用上述材料,分别开展了花期物候观测、结实产量调查、纤维材性测定及子代测定的研究,对三倍体白桦进行评价的同时也对杂交亲本进行综合选择。结果表明,B40、B39、B23、CK14、B30、B43、B35 和 B42 等母树自身纤维材质性状较好,可作为产种母树用于子代材性性状改良,培育优良纸浆材品种。B15、B16、B4、B7、B22、B8、B20 等母树所产子代生长性状较好,可作为杂交亲本用于子代生长性状改良,培育优质速生的优良三倍体家系。另外,B12 兼具以上两种性能,不但其自身材质材性表现优异,而且其子代生长性状也表现良好,因此评为最优母树。初步认为以上这些优良母树是三倍体种子园改建的首选母树。另外,对于开花结实量较低、子代表现较差的 B33、B36 和 B44 等建园母树建议剔除。

表 9-31　参与测定及制种的四倍体和二倍体白桦母树

母树代码	倍性	开花结实调查	纤维材性调查	子代测定		
				种子、苗期性状调查	全同胞苗期性状调查	幼龄林稳定性测定
B17	4	√	√	√		
B37	4	√	√			
B28	4	√	√			
B33	4	√	√			
B38	4	√	√			
B39	4	√	√			
B25	4	√	√	√		√
B36	4	√	√			
B24	4	√	√			
B21	4	√	√			
B34	4	√	√			
B13	4	√	√	√		√
B31	4	√	√			
B29	4	√	√			
B40	4	√	√			
B41	4	√	√			
B20	4	√	√		√	
B7	4	√	√	√		√
B42	4	√	√			
B30	4	√	√			
B14	4	√	√	√		√
B19	4	√	√	√		√
B18	4	√	√			

母树代码	倍性	开花结实调查	纤维材性调查	子代测定		
				种子、苗期性状调查	全同胞苗期性状调查	幼龄林稳定性测定
B23	4	√	√	√		
B12	4	√	√	√		√
B35	4	√	√			
B32	4	√	√			
B15	4	√	√	√		√
B44	4	√	√			
B27	4	√	√			
B43	4	√	√			
B2	4			√		√
B3	4			√		√
B8	4			√	√	√
B10	4					√
B9	4			√		√
B22	4				√	
B4	4			√	√	√
B5	4			√	√	√
B6	4			√	√	
B11	4					√
B16	4			√		√
B26	4			√		
CK8	2	√				
CK11	2	√				
CK12	2	√				
CK20	2	√				
CK14	2	√	√			
CK13	2	√	√			
CK21	2	√				
CK7	2	√				
CK9	2	√				
CK15	2	√				
CK17	2	√	√			
CK19	2	√				
CK23	2	√				
CK18	2	√				
CK22	2	√				

续表

母树代码	倍性	开花结实调查	纤维材性调查	子代测定		
				种子、苗期性状调查	全同胞苗期性状调查	幼龄林稳定性测定
CK10	2	√				
CK16	2	√				
CK1	2			√		√
CK3/F9	2			√	√	√
CK4/F4	2			√	√	√
CK5	2			√	√	√
CK6	2			√		√
CK27/F3	2				√	

注："√"表示参与测定的母树

参 考 文 献

常青云, 朱莉思, 曹鑫, 等. 2007. 多因素对秋水仙素诱导多倍体效率的影响. 安徽农业科学, 35(31): 9863-9866, 9875.

陈海玲, 黄金堂, 郑国栋, 等. 2013. 全国南方区春花生新品种稳产性的 Tai 模型分析. 花生学报, 42(4): 52-55.

陈琳, 曾杰, 贾宏炎, 等. 2012. 林木苗期营养诊断与施肥研究进展. 世界林业研究, 25(3): 26-31.

陈鹏飞. 2011. 白桦纤维素合成酶基因克隆与表达特征分析. 东北林业大学硕士学位论文.

陈肃. 2009. 白桦 4CL 与 CCoAOMT 基因表达分析及蛋白预测. 东北林业大学硕士学位论文.

陈素素, 张嫚嫚, 于洪淼, 等. 2016. 转基因白桦不同杂交组合的种子活力测定及外源基因的遗传规律分析植物研究. 北京林业大学学报, 38(1): 36-42.

陈伟, 施季森, 陈金慧, 等. 2007. 西南桦不同种源外植体组织培养研究. 南京林业大学学报, 31(1): 27-30.

邓秀新, Emitter FG, Grosser JW. 1995. 柑橘同源及异源四倍体花粉特性研究. 园艺学报, 22(1): 16-20.

丁钿冉, 郝龙飞, 张静娴, 等. 2013. 指数施肥对白桦容器苗生物量及形态特征的影响. 东北林业大学学报, 41(10): 31-34.

董虹妤, 刘青华, 金国庆, 等. 2015. 马尾松 3 代种质幼林生长性状遗传效应及其与环境互作. 林业科学研究, 28(6): 775-780.

杜琳, 李永存, 穆怀志, 等. 2011. 四倍体与二倍体白桦的光合特性比较. 东北林业大学学报, 39(2): 1-4.

房桂干, 邓拥军, 李萍. 2001. 三倍体毛白杨制浆性能的评价. 林业科技管理, (增刊): 87-90.

高福玲, 姜廷波. 2009. 白桦 AFLP 遗传连锁图谱的构建. 遗传, 31(2): 213-218.

关录凡. 2009. 白桦纤维素合成酶基因 BpCesA4 的遗传转化. 东北林业大学硕士学位论文.

韩超, 徐建民, 陆钊华, 等. 2010. 秋水仙素诱导巨桉无性系 Eg5 多倍体的研究. 中国农学通报, (24): 128-132.

郝晨, 李云, 姜金仲, 等. 2006. 四倍体刺槐大小孢子发育时期与花器形态的相关性. 核农学报, 20(4): 292-295.

何茜, 王冉, 李吉跃, 等. 2012. 不同浓度指数施肥方法下马来沉香与土沉香苗期需肥规律. 植物营养与肥料学报, 18(5): 1193-1203.

胡耿民, 耿旭. 1993. 作物稳定性分析法. 北京: 科学出版社.

黄春梅, 黄群策, 李志真. 1999. 同源四倍体水稻雌雄配子体的多态性. 福建农业大学学报, 28(1): 18-21.

黄海娇, 李慧玉, 姜静. 2017a. BpAP1 转基因白桦中开花相关基因的时序表达. 东北林业大学学报, 45(1): 1-6.

黄海娇, 彭儒胜, 刘宇, 等. 2017b. 3 年生不同倍性白桦家系生长性状变异分析及优良家系的选择. 植物研究, 37(2): 274-280.

黄海娇, 李开隆, 刘桂丰, 等. 2010. 航天搭载白桦种子早期生长性状的初步研究. 核农学报, 24(6): 1148-1151.

姜静, 姜莹, 杨传平, 等. 2006. 白桦航天诱变育种研究初报. 核农学报, 20(1): 27-31.

姜静, 杨传平, 刘桂丰, 等. 1999. 白桦苗期种源试验的研究. 东北林业大学学报, 27(6): 1-3.

姜静, 杨传平, 刘桂丰, 等. 2001a. 利用 RAPD 标记技术对白桦种源遗传变异的分析及种源区划. 植物研究, 21(1): 126-130.

姜静, 杨传平, 刘桂丰, 等. 2001b. 应用 RAPD 技术对东北地区白桦种源遗传变异的分析. 东北林业大学学报, 29(2): 30-34.

姜廷波, 李绍臣, 高福铃, 等. 2007. 白桦 RAPD 遗传连锁图谱的构建. 遗传, 29(7): 867-873.

康向阳. 2003. 林木多倍体育种研究进展. 北京林业大学学报, 25(4): 70-74.

康向阳. 2010. 关于杨树多倍体育种的几点认识. 北京林业大学学报, 32(5): 149-153.

康向阳, 张平冬, 高鹏, 等. 2004. 秋水仙素诱导白杨三倍体新途径的发现. 北京林业大学学报, 26(1): 1-4.

李春旭, 刘桂丰, 刘宇, 等. 2017. 盆栽白桦优良无性系苗期的初步选择. 北京林业大学学报, 39(2): 16-23.

李春雪, 黄雅婷, 范桂枝, 等. 2013. 不同白桦家系茎皮和枝皮中三萜含量的变异分析. 经济林研究, 31(1): 44-47.

李国雷, 刘勇, 祝燕, 等. 2011. 国外苗木质量研究进展. 世界林业研究, 24(2): 27-35.

李开隆, 姜静, 姜莹, 等. 2006. 白桦 5×5 完全双列杂交种苗性状的遗传效应分析. 北京林业大学学报, 28(4): 82-87.

李天芳, 姜静, 王雷, 等. 2009. 配方施肥对白桦不同家系苗期生长的影响. 林业科学, 45(2): 60-64.

李园园, 杨光, 韦睿, 等. 2013. 转 *TabZIP* 基因白桦的获得及耐盐性分析. 南京林业大学学报(自然科学版), 37(5): 6-12.

李云, 冯大领. 2005. 木本植物多倍体研究进展. 植物学通报, 22(3): 375-382.

李云, 朱之悌, 田砚亭, 等. 2001. 秋水仙素处理白杨雌花芽培育三倍体植株的研究. 林业科学, 37(5): 68-74.

李志新, 赵曦阳, 杨成君, 等. 2013. 转 *TaLEA* 基因小黑杨株系变异及生长稳定性分析. 北京林业大学学报, 35(2): 57-62.

梁毅, 谭素英, 黄贞光. 1998. 同源四倍体植物低稳定性研究概况. 北京农业科学, 16(3): 21-27.

刘超逸, 刘桂丰, 方功桂, 等. 2017. 四倍体白桦木材纤维性状比较及优良母树选择. 北京林业大学学报, 39(2): 9-15.

刘福妹, 姜静, 刘桂丰. 2015. 施肥对白桦树生长及开花结实的影响. 西北林学院学报, 30(2): 116-120.

刘福妹, 李天芳, 姜静, 等. 2012. 白桦最佳施肥配方的筛选及其各元素的作用分析. 北京林业大学学报, 34(2): 57-60.

刘福妹, 穆怀志, 刘子嘉, 等. 2013. 用秋水仙素处理不同家系白桦种子诱导四倍体的研究. 北京林业大学学报, 35(3): 84-89.

刘桂丰, 蒋雪彬, 刘吉春, 等. 1999. 白桦多点种源试验联合分析. 东北林业大学学报, 27(5): 1-7.

刘欢, 王超琦, 吴家森, 等. 2016. 氮素指数施肥对杉木无性系苗生长及养分含量的影响. 应用生态学报, 27(10): 3123-3128.

刘堃, 曾凡锁, 李博, 等. 2013. 转基因白桦不同月份叶片基因组 DNA 甲基化水平变异. 生物技术通讯, 24(1): 65-70.

刘青华, 金国庆, 储德裕, 等. 2011. 基于马尾松测交系子代的生长、干形和木材密度的配合力分析. 南京林业大学学报, 35(2): 8-14.

刘宇, 徐焕文, 边秀艳, 等. 2013. 白桦半同胞家系苗期生长和光合特性及其选育评价指标筛选. 西北植物学报, 33(5): 963-969.

刘宇, 徐焕文, 姜静, 等. 2014. 基于种子活力及苗期生长性状的白桦四倍体半同胞家系初选. 北京林业大学学报, 36(2): 74-80.

刘宇, 徐焕文, 李志新, 等. 2015a. 白桦杂交子代家系生长变异及稳定性分析. 植物研究, 35(6): 937-944.

刘宇, 徐焕文, 李志新, 等. 2015b. 白桦子代家系幼林期生长表现及适应性分析. 浙江农林大学学报, 32(6): 853-860.

刘宇, 徐焕文, 尚福强, 等. 2016a. 16 年生白桦种源变异及区划. 林业科学, 52(9): 48-56.

刘宇, 徐焕文, 尚福强, 等. 2016b. 3 个地点白桦种源试验生长稳定性分析. 北京林业大学学报, 38(5): 50-57.

刘宇, 徐焕文, 滕文华, 等. 2017a. 白桦全同胞子代测定及优良家系早期选择. 北京林业大学学报, 39(2): 1-8.

刘宇, 徐焕文, 张广波, 等. 2017b. 白桦半同胞子代多点生长性状测定及优良家系选择. 北京林业大学学报, 39(3): 7-15.

刘宇, 徐焕文, 刘桂丰, 等. 2017c. 赤霉素 GA$_{4+7}$ 处理下白桦无性系生长及差异基因表达分析. 林业科学研究, 30(1): 181-189.

刘志华. 2002. 白桦抗虫基因遗传转化研究及转基因植株的抗虫性. 东北林业大学硕士学位论文.

吕澈妍, 周博如, 王雷, 等. 2009. 用 AFLP 标记构建白桦遗传连锁图谱. 植物生理学通讯, 45(8): 775-780.

孟凡娟, 王秋玉, 王建中, 等. 2008. 四倍体刺槐的抗盐性. 植物生态学报, 32(3): 654-663.

穆怀志. 2010. 多倍体白桦的诱导及其生长、光合特性的分析. 东北林业大学硕士论文: 25-37.

钮世辉, 李伟, 李悦. 2012. 油松种子园无性系自由授粉子代测定与种子批稳定性分析. 西北林学院学报, 28(2): 66-69.

欧阳磊, 郑仁华, 肖晖, 等. 2015. 杉木第一代种子园自由授粉子代表型性状的多样性. 中南林业科技大学学报, 35(3): 22-26.

尚宗燕, 张继祖. 1985. 漆树染色体观察及三倍体漆树的发现. 西北植物学报, 5(3): 187-191.

邵芳丽, 宫渊波, 关灵, 等. 2012. 不同水氮条件对岷江柏幼苗生长的影响. 水土保持通报, 32(1): 45-49.

宋福南. 2009. 白桦木质素合成苯丙氨酸途径相关酶基因的表达和功能分析. 东北林业大学博士学位论文.

宋平, 王学凤, 蔡明, 等. 2009. 秋水仙素诱导观赏植物多倍体研究进展. 湖北农业科学, 48(6): 1510-1513.

苏岫岷, 吴风茂, 洪涛, 等. 2000. 白桦花期诱导技术. 辽宁林业科技, (3): 47.

孙晓敏. 2012. 光皮桦组织快繁及转基因体系的建立. 浙江农林大学硕士论文.

唐佳. 2012. 甘蓝型油菜株型相关性状的杂种优势及配合力分析. 四川农业大学硕士学位论文.

陶静, 詹亚光, 姜静, 等. 1998. 白桦组培再生系统的研究. 东北林业大学学报, 26(5): 6-9.

汪卫星, 李春艳, 向素琼, 等. 2008. 番木瓜四倍体的诱导及形态学分析. 果树学报, 25(1): 115-118.

王超. 2009. 白桦形成层组织基因表达及木材形成相关基因的研究. 东北林业大学博士学位论文.

王超, 夏德安, 杨传平, 等. 2004. 白桦杂交种子与杂交亲本的关系. 东北林业大学学报, 32(2): 1-4.

王成, 滕文华, 李开隆, 等. 2011. 白桦 5×5 双列杂交子代生长性状的遗传效应分析. 北京林业大学学报, 33(3): 14-20.

王进茂. 2003. 引进欧洲白桦优良无性组织培养研究. 河北农业大学硕士论文.

王茜龄, 周金星, 余茂德, 等. 2008. 桑树组织培养诱导多倍体植株. 林业科学, 44(6): 164-167.

王朔, 黄海娇, 杨光, 等. 2016. 转基因白桦杂种 T$_1$ 代的生长发育及 AP1 基因的遗传分析. 北京林业大学学报, 38(9): 1-7.

王遂, 赵慧, 李墨野, 等. 2014. 不同倍性白桦叶芽中 IAA 和 ABA 含量分析. 安徽农业科学, 42(27): 9418-9420.

王遂, 赵慧, 杨传平, 等. 2015. 四倍体桦树树皮中三萜化合物的测定与评价. 北京林业大学学报, 37(9): 53-61.

王志英, 范海娟, 詹亚光, 等. 2005. 转基因白桦抗性等级划分及其对幼虫中肠的影响. 东北林业大学学报, 33(3): 38-39.

韦睿. 2012. 白桦木质素 BpCCR1 基因的克隆及遗传转化. 东北林业大学硕士学位论文.

魏继承, 任如意, 国会艳, 等. 2010. 白桦中一花发育相关基因 BpAGL 的克隆及时序表达分析. 东北林业大学学报, 38(2): 1-3.

吴月亮, 杨传平, 王秋玉, 等. 2005. 白桦花期诱导技术的研究. 辽宁林业科技, (3): 15-16.

武振华, 王新宇, 牛炳韬. 2005. 药用植物染色体加倍的研究进展. 西北植物学报, 25(12): 2569-2574.

谢慧波, 黄群策. 2006. 禾谷类作物多倍化研究进展. 河南农业科学, (2): 15-20.

邢新婷, 张志毅, 张文杰. 2004. 三倍体毛白杨新无性系木材干缩性的遗传分析. 林业科学, 40(1): 137-141.

徐焕文, 刘宇, 姜静, 等. 2015. 盐胁迫对白桦光合特性及叶绿素荧光参数的影响. 西南林业大学学报, 35(4): 21-26.

徐焕文, 刘宇, 李雅婧, 等. 2013a. 白桦三倍体种子园中各家系种子活力比较. 西南林业大学学报, 33(5): 34-39.

徐焕文, 刘宇, 李志新, 等. 2013b. 5 年生白桦杂种子代多点稳定性分析及优良家系选择. 北京林业大学学报, 37(12): 24-31.

徐嘉科, 陈闻, 王晶, 等. 2015. 不同施肥方式对红楠生长及营养特性的影响. 生态学杂志, 34(5): 1241-1245.

杨传平, 刘桂丰, 魏志刚, 等. 2004. 白桦强化促进提早开花解释技术的研究. 林业科学, 40(6): 75-78.

杨光, 韦睿, 王姗, 等. 2011. 转基因白桦试管苗去琼脂生根培养及高效移栽技术. 林业实用技术, (4): 33-34.

于彬, 郭彦青, 陈金林. 2007. 杨树配方施肥技术研究进展. 西南林学院学报, 27 (2): 85-90.

余茂德, 敬成俊, 吴存容, 等. 2004. 人工三倍体桑树新品种嘉陵 20 号的选育. 蚕业科学, 30(3): 225-229.

郁书君, 汪天, 金宗郁, 等. 2001. 白桦容器栽培试验 (I). 北京林业大学学报, 23(1): 24-28.

岳川, 曾建明, 曹红利, 等. 2012. 高等植物赤霉素代谢及其信号转导通路. 植物生理学报, 48(2): 118-128.

詹亚光, 杨传平. 2002. 白桦愈伤组织的高效诱导和不定芽分化. 植物生理学通讯, 38(2): 111-114.

詹亚光, 王玉成, 王志英, 等. 2003. 白桦的遗传转化及转基因植株的抗虫性. 植物生理与分子生物学学报, 29(5): 380-386.

张瑞萍. 2009. 脱水素基因逆境表达模式与白桦遗传转化研究. 东北林业大学博士学位论文.

张兴翠. 2004. 花叶绿萝的多倍体诱导及快速繁殖. 西南农业大学学报: 自然科学版, 26(1): 58-60.

张学英, 刘艳萌, 胡淑明, 等. 2008. 白桦组织培养技术研究. 北方园艺, (8): 176-178.

赵燕, 董雯怡, 张志毅, 等. 2010. 施肥对毛白杨杂种无性系幼苗生长和光合的影响. 林业科学, 46(4): 70-77.

郑万钧. 1983. 中国树木志(第一卷). 北京: 中国林业出版社.

朱军. 2002. 遗传学. 北京: 中国农业出版社.

朱之悌, 林惠斌, 康向阳. 1995. 毛白杨异源三倍体 B301 等无性系选育的研究. 林业科学, 31(6): 499-505.

Adams K L. 2007. Evolution of duplicate gene expression in polyploidy and hybrid plants. Journal of Heredity, 98: 136-141.

Adams KL, Wendel JF. 2005. Polyploidy and genome evolution in plants. Current Opinion in Plant Biology, 8(2): 135-141.

Ahuja MR. 2005. Polyploidy in gymnosperms: revisited. Silvae Genetica, 54(2): 59-69.

Becker RA, Chambers JM, Wilks AR. 1988. The New S Language. Pacific Grove: Wadsworth & Brooks/Cole.

Blakeslee AF, Avery A. 1937. Methods of inducing doubling of chromosome in plants. Journal of Heredity, 28: 393-411.

Caruso I, Lepore L, Tommasi DN, et al. 2011. Secondary metabolite profile in induced tetraploids of wild *Solanum commersonii* Dun. Chemistry & Biodiversity, 8(12): 2226-2237.

Chalupa V. 1987. Effect of benzylaminopurine and thidia zuron on *in vitro* shoot proliferation of *Sorbus aucaparia* L.and *Robinia Pseudoacacia* L. Biologia Plantarum, 29: 425-429.

Diao WP, Bao SY, Jiang B, et al. 2010. Cytological studies on meiosis and male gametophyte development in autotetraploid cucumber. Biologia Plantarum, 54(2): 373-376.

Donnai L, Preece JE. 2004. Thidiazuron stimulates adventi tious shoot production from *Hydrangea quercifolia* Bartr. leaf explants. Scientia Horticulture, (5): 121-126.

Dwived NK, Suryanarayana N, Sikdar AK, et al. 1989. Cytomorphological studies in triploid mulberry evolved by diploidization of female gamete cells. Cytologia, 54: 13-19.

Eifler I. 1960. The individual results of crosses between *B. verrucosa* and *B. pubescens*. Silvae Genetica, 9: 159-165.

Einspahr DW. 1984. Production and utilization of triploid hybrid aspen. Iowa State Journal of Research, 58(4): 401-409.

Fu X, Fu N, Guo S, et al. 2009. Estimating accuracy of RNA-Seq and microarrays with proteomics. BMC Genomics, 10: 161.

Garber M, Grabherr MG, Guttman M, et al. 2011. Computational methods for transcriptome annotation and quantification using RNA-seq. Nature Methods, 8(6): 469-477.

Hancock JF. 1997. The colchicine story. Hort Science, 32(6): 1011-1012.

Hao W, Wang SJ, Liu HJ, et al. 2015. Development of SSR markers and genetic diversity in white birch (*Betula platyphylla*). PLos ONE, 10(6): e0129758.

Huang HJ, Chen S, Li HY, et al. 2015. Next-generation transcriptome analysis in transgenic birch overexpressing and suppressing APETALA1 sheds lightsin reproduction development and diterpenoid biosynthesis. Plant Cell Reports, 34(9): 1663-1680.

Huang HJ, Wang S, Jiang J, et al. 2014. Overexpression of *BpAP1* induces early flowering and produces dwarfism in *Betula platyphylla×B. pendula*. Physiologia Plantarum, 151(4): 495-506.

Jain M,Kaur N,Tyagi AK, et al. 2006. The auxin-responsive GH3 gene family in rice (*Oryza sativa*). Functional & Integrative Genomics 6: 36-46.

Jesus-Gonzalez DL, Weathers PJ. 2003. Tetraploid *Artemisia annua* hairy roots produce more artemisinin than diploids. Plant Cell Reports, 21(8): 809-813.

Johnsson H. 1956. Auto-and allo-triploid *Betula* families derived from colchicines treatment. Zeitschrift fur Forstgenetik und Forstpfanzenziichtüng, 5(3): 65-70.

Li B, Wyckoff GW. 1993. Hybrid aspen performance and genetic gains. Northern Journal of Applied Forestry, 10(3): 117-121.

Li HY, Wu DY, Wang ZJ, et al. 2016. BpMADS12 mediates endogenous hormone signaling: effect on plant development *Betula platyphylla*. Plant Cell, Tissue and Organ Culture,124(1): 169-180.

Li W, Berlyn GP, Ashton PM. 1996. Polyploids and their structural and physiological characteristics relative to water deficit in *Betula papyrifer*. American Journal of Botany, 83(1): 15-20.

Lin L, Yao QC, Xu HW, et al. 2013a. Characteristics of the staminate flower and pollen from autotetraploid *Betula platyphylla*. Dendrobiology, 69: 3-11.

Lin L, Mu HZ, Jiang J, et al. 2013b. Transcriptomic analysis of purple leaf determination in birch. Gene, 526(2): 251-258.

Liu L, Huang F, Luo Q, et al. 2012. cDNA-AFLP analysis of the response of tetraploid black locust (*Robinia pseudoacacia* L.) to salt stress. African Journal of Biotechnology, 11(13): 3116-3124.

Madlung A. 2013. Polyploidy and its effect on evolutionary success: old questions revisited with new tools. Heredity, 110(2): 99-104.

McKeand SE, Jokela EJ, Huber DA, et al. 2006. Performance of improved genotypes of loblolly pine across different soils, climates, and silvicultural inputs. Forest Ecology & Management, 227(1/2): 178-184.

Mu HZ, Jiang J, Li HY, et al. 2012a. Seed vigor, photosynthesis and early growth of saplings of different triploid *Betula* families. Dendrobiology, 68: 11-20.

Mu HZ, Liu ZJ, Lin L, et al. 2012b. Transcriptomic analysis of phenotypic changes in birch (*Betula platyphylla*) autotetraploids. International Journal of Molecular Sciences, 13: 13012-13029.

Mu HZ, Lin L, Liu GF,et al. 2013. Transcriptomic analysis of incised leaf-shape determination in birch. Gene, 531(2): 263-269.

Nie J, Stewart R, Zhang H, et al. 2011. TF-Cluster: A pipeline for identifying functionally coordinated transcription factors via network decomposition of the shared coexpression connectivity matrix (SCCM). BMC Systems Biology, 5: 53.

Nilsson-Ehle H. 1936. Über eine in der natur gefundene gigasform von *Populus tremula*. Hereditas, 21: 379-382.

Niwa Y, Sasaki Y. 2003. Plant self-defense mechanisms against oxidative injury and protection of the forest by planting trees of triploids and tetraploids. Ecotoxicology and Environmental Safety, 55: 70-81.

Oliet JA, Salazar JM, Villar R, et al. 2011. Fall fertilization of *Holm oak* affects N and P dynamics, root growth potential, and post-planting phenology and growth. Annals of Forest Science, 68 (3) :647-656.

Riddle NC, Jiang H, An L, et al. 2010. Gene expression analysis at the intersection of ploidy and hybridity in maize. Theoretical and Applied Genetics, 120: 341-353.

Roth R, Ebert I, Schrinidl J. 1997. Trisomy associated with loss of maturation capacity in a longtermembryogeneic culture of *Abies alba*. Theoretical and Applied Genetics, 9 (3) : 353-358.

Salifu KF, Timmer VR. 2003. Nitrogen retranslocation response of young *Picea mariana* to nitrogen-15 supply. Soil Science Society of America Journal, 67: 309-318.

Sardans J, Pennuelas J, Rodà F. 2006. Plasticity of leaf morphological traits,leaf nutrient content,and water capture in the Mediterranean evergreen oak *Quercus ilex* subsp. *ballota* in response to fertilization and changes in competitive conditions. Ecoscience, 13 (2) : 258-270.

Seitz FW. 1954. The occurrence of triploids after self-pollination of anomalous androgynous flowers of a grey poplar. Zeitschrift fur Forstgenetik und Forstpfanzenziichtüng, 3 (1) : 1-6.

Stupar RM, Bhaskar PB, Yandell BS, et al. 2007. Phenotypic and transcriptomic changes associated with potato autopolyploidization. Genetics, 176: 2055-2067.

Su LY, Bassa C, Audran C, et al. 2014. The auxin *Sl-IAA17* transcriptional repressor controls fruit size via the regulation of endoreduplication-related cell expansion. Plant and Cell Physiology, 55 (11) : 1969-1976.

Wang J, Kang X, Zhu Q. 2010a. Variation in pollen formation and its cytological mechanism in an allotriploid white poplar. Tree Genetics & Genomes, 6: 281-290.

Wang Z, Fang B, Chen J, et al. 2010b. De novo assembly and characterization of root transcriptome using Illumina paired-end sequencing and development of cSSR markers in sweetpotato (*Ipomoea batatas*). BMC Genomics, 11: 726.

Wang J, Yan DW, Yuan TT, et al. 2013. A gain-of-function mutation in *IAA8* alters *Arabidopsis* floral organ development by change of jasmonic acid level. Plant Molecular Biology, 82 (1-2) : 71-83.

Wang S, Jiang J, Li TF, et al. 2011. Influence of nitrogen, phosphorus, and potassium fertilization on flowering and expression of flowering-associated genes in white birch (*Betula platyphylla* Suk.). Plant Molecular Biology Reporter, 29 (4) : 794-801.

Wang S, Zhao H, Jiang J, et al. 2015. Analysis of three types of triterpenoids in tetraploid white birches (*Betula platyphylla* Suk.) and selection of plus trees. Journal of Forestry Research, 26 (3) : 623-633.

Wang YC, Gao CQ, Zheng L, et al. 2012. Building an mRNA transcriptome from the shoots of *Betula platyphylla* by using Solexa technology. Tree Genetics & Genomes, 8: 1031-1040.

Wang Z, Gerstein M, Snyder M. 2009. RNA-Seq: a revolutionary tool for transcriptomics. Nature Reviews Genetics, 10: 57-63.

Weisgerber H, Rau HM, Gartner EJ, et al. 1980. 25 years of forest tree breeding in Hessen. Allgemeine Forstzeitschrift, 26: 665-712.

Wong CE, Prem LB, Harald O, et al. 2008. Transcriptional profiling of the pea shoot apical meristem reveals processes underlying its function and maintenance. BMC Plant Biology, 8: 73.

Wu T, Qin Z, Zhou X, et al. 2010. Transcriptome profile analysis of floral sex determination in cucumber. Journal of Plant Physiology, 167: 905-913.

Xu HW, Liu Y, Jiang J, et al. 2016. Progeny test of tetraploid *Betula platyphylla* and preliminaryselection of hybrid parents. Journal of Forestry Research, 27(3): 665-674.

Yang G, Chen S, Jiang J. 2015. Transcriptome analysis reveals the role of *BpGH3. 5* in root elongation of *Betula platyphylla* × *B. pendula*. Plant Cell, Tissue and Organ Culture, 121(3): 605-617.

Yu Z, Habererb G, Matthesa M, et al. 2010. Impact of natural genetic variation on the transcriptome of autotetraploid *Arabidopsis thaliana*. Proceedings of the National Academy of Sciences of the United States of America, 107(41): 17809-17814.

Zhang WB, Wei R, Chen S, et al. 2015. Functional characterization of *CCR* in birch (*Betula platyphylla* × *Betula pendula*) through overexpression and suppression analysis. Physiologia Plantarum, 154(2): 283-296.

Zhang Y, Wang YC, Wang C. 2012. Gene overexpression and gene silencing in birch using an *Agrobacterium*-mediated transient expression system. Molecular Biology Reports, 39(5): 5537-5541.

Zhang ZH, Kang XY. 2010. Cytological characteristics of numerically unreduced pollen production in *Populus tomentosa* Carr. Euphytica, 173: 151-159.

Zhang ZH, Kang XY, Zhang PD, et al. 2007. Incidence and molecular markers of 2*n* pollen in *Populus tomentosa* Carr. Euphytica, 154: 145-152.

Zhao XY, Bian XY, Liu MR, et al. 2014. Analysis of genetic effects on a complete diallel cross test of *Betula platyphylla*. Euphytica, 200(2): 221-229.